U0577621

Photoshop CC 平面设计案例教程

主　编　程翠玉　　郑明言　　王海鹏

副主编　王晓阳　　李春阳　　李　艳

　　　　焦峰亮

北京理工大学出版社
BEIJING INSTITUTE OF TECHNOLOGY PRESS

内 容 简 介

本书根据平面设计类岗位需求，遵循"德技并重、理实一体"的基本理念，以"深入浅出、能学会用"为原则，全面介绍了 Photoshop CC 软件的基础知识、操作方法及其在各平面设计领域中的实战应用。

本书内容涵盖图像处理基础知识、创建与编辑选区、图层及其应用、绘制修饰和编辑图像、调整图像色彩和色调、路径与文字、通道蒙版及滤镜、综合实战 8 个工作领域。将工具详解和行业知识及综合设计能力融合在 24 个典型工作任务、18 个拓展任务及 4 个综合项目实战中，聚焦企业需求，德技并重，兼顾实用性和启发性。既便于读者在学习基本方法、操作技能的基础上，了解平面设计领域的行业需求和专业技能，又便于读者结合自己的想法创意进行独立设计，以期学以致用。

作为省级精品资源共享课程、省级在线精品课程配套教材，本书配套适合学生的微课视频、授课 PPT、案例素材、平面设计拓展资源等，有利于开展符合自身特色的 SPOC 教学。

本书可作为高职院校计算机类、艺术设计类、电子商务类相关专业相关课程的教材，也可以作为相关培训机构的教学用书或平面设计爱好者的自学用书。

版权专有　侵权必究

图书在版编目（CIP）数据

Photoshop CC 平面设计案例教程 / 程翠玉，郑明言，王海鹏主编. －－北京 ：北京理工大学出版社，2023.7

ISBN 978-7-5763-2618-5

Ⅰ. ①P…　Ⅱ. ①程…　②郑…　③王…　Ⅲ. ①平面设计–图像处理软件–教材　Ⅳ. ①TP391.413

中国国家版本馆 CIP 数据核字（2023）第 133760 号

出版发行 / 北京理工大学出版社有限责任公司

社　　　址 / 北京市海淀区中关村南大街 5 号

邮　　　编 / 100081

电　　　话 /（010）68914775（总编室）

　　　　　　（010）82562903（教材售后服务热线）

　　　　　　（010）68944723（其他图书服务热线）

网　　　址 / http：//www.bitpress.com.cn

经　　　销 / 全国各地新华书店

印　　　刷 / 唐山富达印务有限公司

开　　　本 / 787 毫米×1092 毫米　1/16

印　　　张 / 18　　　　　　　　　　　　　　　　责任编辑 / 王玲玲

字　　　数 / 402 千字　　　　　　　　　　　　　　文案编辑 / 王玲玲

版　　　次 / 2023 年 7 月第 1 版　2023 年 7 月第 1 次印刷　　责任校对 / 刘亚男

定　　　价 / 96.00 元　　　　　　　　　　　　　　责任印制 / 施胜娟

图书出现印装质量问题，请拨打售后服务热线，本社负责调换

前 言

"数媒时代"带来了平面设计行业发展的挑战与机遇，平面设计的传播速度更快速，技术实现更简单，视觉效果更丰富。Photoshop作为首屈一指的专业数字图像处理软件，广泛应用于数字艺术设计、数码摄影、出版印刷、影视后期、数字网络等诸多领域。学习 Photoshop 不仅可以对平面设计产生兴趣，同时可以为学习其他设计软件打下基础。

为了响应《国家职业教育改革实施方案》，贯彻落实《关于深化产教融合的若干意见》及《国家信息化发展战略纲要》的相关要求，应对新一轮科技革命和产业变革的挑战，促进人才培养供给侧和产业需求侧结构要素全方面融合，促进中国特色高水平高职院校建设，努力培育高素质劳动者和技术技能人才，本书根据平面设计类岗位需求，遵循"德技并重、理实一体"的理念，以"深入浅出、能学会用"为原则，全面介绍了 Photoshop CC 软件的基础知识、操作方法及其在各平面设计领域中的实战应用。

本书内容涵盖图像处理基础知识，创建与编辑选区，图层及其应用，绘制、修饰和编辑图像，调整图像的色彩与色调，路径和文字，通道、蒙版及滤镜，综合实战8个工作领域。

本书特点如下：

1. 工作任务引领，职业教育类型特征明显。本书将工具详解、行业知识及综合设计能力融合在 24 个典型工作任务、18 个拓展任务及 4 个综合项目实战中，知识准备夯实基础、工作任务明晰操作规范、综合实战锻炼设计能力，工作任务中又包含展示、分析、实现、评价等内容，职业教育类型特征明显。

2. 聚焦产业需求，德技并重，兼顾实用性和启发性。选取的工作任务源于平面设计行业企业实际需求，课程思政融入其中。既便于读者在学习基本方法、操作技能的基础上，了解平面设计领域的行业需求和专业技能，又便于读者学习本书后结合自己的想法创意进行独立设计，以达到学以致用、修身强技的效果。

3. 省级精品课程为建设载体，配套资源丰富。作为省级精品资源共享课程、省级在线精品课程配套教材，本书配有丰富的数字化教学资源。本书作者基于充分的学情分析、企业调研，结合多年的平面设计课程十多年的教学积累，按照"以学生为中心、以成果为导向"的原则进行教学设计，配套适合学生的微课视频、授课 PPT、案例素材、平面设计拓展资源等，有利于开展符合自身特色的 SPOC 教学。（在线课程网址：https://mooc1-1. chaoxing.com/course-ans/ps/221009816。）

4. 以培养德才兼备的高素质平面设计人才为目标，将课程思政融入三教改革，践行三全育人。教材编写团队通过对二十大报告的深入学习，结合课程的特点，根据二十大报告提出的"培养造就大批德才兼备的高素质人才"要求，以省级教改项目为依托，全面推进党的二十大精神和习近平新时代中国特色社会主义思想进教材、进课堂、进头脑，充分挖掘思政元素，并融入教材。

本书是校企合作开发教材，由学校专任教师和企业工程师依据行业产业需求共同编写。编写过程中，得到了中兴教育科技、浪潮优派科技教育、青岛思途教育、山东聚格科技等公司的大力支持。本书主编为程翠玉、郑明言、王海鹏，副主编为王晓阳、李春阳、李艳、焦峰亮，参与本书编写的还有鲁桂琴、李金娟、崔学敏、陈巧会、刘大芸、钟绵虎、孙朋、苏琳等。同时，我们也参考了大量的文献资料，对许多相识和尚未相见的参考文献的作者，在此一并表示诚挚的谢意！

由于编者水平有限，加上编写时间仓促，书中不妥之处在所难免，敬请广大读者批评指正，以便修订时改进。

目 录

工作领域一　图像处理基础知识 ……………………………………………… 1

1.1　图像处理的基本概念 …………………………………………… 2

　1.1.1　像素与分辨率 ………………………………………… 2

　1.1.2　位图与矢量图 ………………………………………… 3

　1.1.3　图像的色彩模式 ……………………………………… 4

　1.1.4　图像的格式 …………………………………………… 6

1.2　Photoshop 应用领域 …………………………………………… 7

　1.2.1　Photoshop 的概述 …………………………………… 7

　1.2.2　Photoshop 的诞生与发展 …………………………… 7

　1.2.3　Photoshop 的应用领域 ……………………………… 9

1.3　Photoshop 基本操作 …………………………………………… 11

　1.3.1　总体工作界面 ………………………………………… 11

　1.3.2　工具箱 ………………………………………………… 13

　1.3.3　面板 …………………………………………………… 16

　1.3.4　文件的操作 …………………………………………… 17

1.4　工作任务 ………………………………………………………… 22

　1.4.1　工作任务 1：认识 Photoshop CC 的工作界面 ……… 22

　1.4.2　工作任务 2：制作一个简单图像并保存 …………… 23

　1.4.3　工作任务 3：变形命令的使用——制作室内装饰画 … 25

1.5　任务拓展 ………………………………………………………… 28

　1.5.1　任务拓展 1：创建、修改并保存第一个 Photoshop 作品 … 28

　1.5.2　任务拓展 2：改变图片的格式 ……………………… 30

　1.5.3　任务拓展 3：工作环境设置与优化 ………………… 32

工作领域二　创建与编辑选区 ……………………………………………… 37

2.1　选区基础 ………………………………………………………… 38

2.1.1　认识选区 ·· 38

2.1.2　常用选区工具 ·· 39

2.2　选区的基本操作 ··· 41

2.2.1　选区的创建 ·· 41

2.2.2　选区的编辑 ·· 41

2.2.3　选区的填充 ·· 43

2.3　常用抠图方法 ··· 45

2.4　工作任务 ·· 47

2.4.1　工作任务1：制作"中国银行"标志图案 ······· 47

2.4.2　工作任务2：制作时尚彩妆类电商 Banner ···· 48

2.4.3　工作任务3：合成写真照片模板 ················· 52

2.5　任务拓展 ·· 54

2.5.1　任务拓展1：制作"太极图"标志图案 ·········· 54

2.5.2　任务拓展2：制作公众号封面次图 ·············· 55

工作领域三　图层及其应用 ···································· 60

3.1　图层面板及图层操作 ·· 61

3.1.1　认识图层 ··· 61

3.1.2　图层的作用 ·· 61

3.1.3　认识"图层"面板 ······································ 61

3.1.4　图层的类型 ·· 63

3.1.5　创建图层 ··· 65

3.1.6　更改图层名称并调整顺序 ························· 66

3.1.7　管理图层 ··· 67

3.2　填充图层和调整图层 ·· 72

3.2.1　创建填充图层 ··· 72

3.2.2　创建调整图层 ··· 73

3.3　图层混合模式 ··· 75

3.3.1　图层混合模式概念及计算方法 ··················· 75

3.3.2　认识图层混合模式 ···································· 75

3.4　图层样式 ·· 80

3.4.1　添加与编辑图层样式 ································· 81

3.4.2　图层样式面板 ··· 82

3.4.3　"图层样式"对话框参数设置 ····················· 83

3.5　工作任务 ·· 90

3.5.1　工作任务1：图像的叠加效果——为天空素材添加万丈光芒效果 ······ 90

3.5.2　工作任务2：用渐变填充图层替换无云晴天 ··· 91

3.5.3　工作任务3：为模特换装 ·························· 93

3.5.4　工作任务 4：制作特效字——水晶软糖字 ············ 95

3.6　任务拓展 ·· 99

3.6.1　任务拓展 1：制作文化创意海报 ·························· 99

3.6.2　任务拓展 2：用纯色填充制作旧照片 ···················· 102

3.6.3　任务拓展 3：制作乘车 App 登录界面 ···················· 105

工作领域四　绘制、修饰和编辑图像 ······································ 112

4.1　绘制图像 ·· 113

4.1.1　颜色设置方法 ·· 113

4.1.2　绘图工具介绍 ·· 115

4.1.3　画笔工具的使用 ··· 116

4.2　图像修饰 ·· 119

4.2.1　图章工具 ·· 119

4.2.2　修补工具 ·· 120

4.2.3　修饰工具 ·· 122

4.3　图像编辑 ·· 125

4.3.1　图像和画布调整 ··· 125

4.3.2　图像基本编辑与操作 ·· 128

4.3.3　图像裁切与变换 ··· 130

4.4　工作任务 ·· 133

4.4.1　工作任务 1：制作"中国航天"邮票 ······················ 133

4.4.2　工作任务 2：人物脸部修饰 ································· 136

4.4.3　工作任务 3：制作儿童相册 ································· 139

4.5　任务拓展 ·· 142

4.5.1　任务拓展 1：画笔应用，去除草地垃圾 ·················· 142

4.5.2　任务拓展 2：制作食品类公众号封面图 ·················· 143

工作领域五　调整图像的色彩与色调 ······································ 150

5.1　Photoshop 调整命令概览 ··· 151

5.2　快速调整图像的色彩 ··· 152

5.2.1　自动色调 ·· 152

5.2.2　自动颜色 ·· 152

5.2.3　自动对比度 ·· 152

5.3　调整图像的色彩 ·· 153

5.3.1　亮度/对比度 ·· 153

5.3.2　色阶 ·· 154

5.3.3　曲线 ·· 156

5.3.4　色相/饱和度 ·· 157

5.3.5　色彩平衡 ⋯⋯⋯⋯⋯⋯⋯⋯⋯⋯⋯⋯⋯⋯⋯⋯⋯⋯⋯⋯⋯ 158

5.3.6　通道混合器 ⋯⋯⋯⋯⋯⋯⋯⋯⋯⋯⋯⋯⋯⋯⋯⋯⋯⋯⋯⋯ 159

5.3.7　色调分离 ⋯⋯⋯⋯⋯⋯⋯⋯⋯⋯⋯⋯⋯⋯⋯⋯⋯⋯⋯⋯⋯ 160

5.3.8　阈值 ⋯⋯⋯⋯⋯⋯⋯⋯⋯⋯⋯⋯⋯⋯⋯⋯⋯⋯⋯⋯⋯⋯⋯ 161

5.3.9　可选颜色 ⋯⋯⋯⋯⋯⋯⋯⋯⋯⋯⋯⋯⋯⋯⋯⋯⋯⋯⋯⋯⋯ 161

5.4　工作任务 ⋯⋯⋯⋯⋯⋯⋯⋯⋯⋯⋯⋯⋯⋯⋯⋯⋯⋯⋯⋯⋯⋯⋯ 163

5.4.1　工作任务 1：使用"色相/饱和度"命令更改彩色气球的颜色 ⋯ 163

5.4.2　工作任务 2：使用"色彩平衡"工具制作风格化照片 ⋯⋯⋯ 164

5.4.3　工作任务 3：用"色阶"增加照片的通透感 ⋯⋯⋯⋯⋯⋯ 166

5.4.4　工作任务 4：用"曲线"调亮照片 ⋯⋯⋯⋯⋯⋯⋯⋯⋯⋯ 168

5.5　任务拓展 ⋯⋯⋯⋯⋯⋯⋯⋯⋯⋯⋯⋯⋯⋯⋯⋯⋯⋯⋯⋯⋯⋯⋯ 170

5.5.1　任务拓展 1：使用"色相/饱和度"制作"彩色照片"特殊效果 ⋯⋯ 170

5.5.2　任务拓展 2：使用颜色调整工具打造"小清新"风格照片 ⋯⋯ 174

工作领域六　路径和文字 ⋯⋯⋯⋯⋯⋯⋯⋯⋯⋯⋯⋯⋯⋯⋯⋯⋯⋯⋯⋯ 180

6.1　绘制图形 ⋯⋯⋯⋯⋯⋯⋯⋯⋯⋯⋯⋯⋯⋯⋯⋯⋯⋯⋯⋯⋯⋯⋯ 181

6.1.1　形状工具 ⋯⋯⋯⋯⋯⋯⋯⋯⋯⋯⋯⋯⋯⋯⋯⋯⋯⋯⋯⋯⋯ 181

6.1.2　钢笔工具 ⋯⋯⋯⋯⋯⋯⋯⋯⋯⋯⋯⋯⋯⋯⋯⋯⋯⋯⋯⋯⋯ 185

6.2　路径 ⋯⋯⋯⋯⋯⋯⋯⋯⋯⋯⋯⋯⋯⋯⋯⋯⋯⋯⋯⋯⋯⋯⋯⋯⋯ 188

6.2.1　认识路径 ⋯⋯⋯⋯⋯⋯⋯⋯⋯⋯⋯⋯⋯⋯⋯⋯⋯⋯⋯⋯⋯ 188

6.2.2　路径的基本操作 ⋯⋯⋯⋯⋯⋯⋯⋯⋯⋯⋯⋯⋯⋯⋯⋯⋯⋯ 189

6.3　文字 ⋯⋯⋯⋯⋯⋯⋯⋯⋯⋯⋯⋯⋯⋯⋯⋯⋯⋯⋯⋯⋯⋯⋯⋯⋯ 192

6.3.1　了解文字 ⋯⋯⋯⋯⋯⋯⋯⋯⋯⋯⋯⋯⋯⋯⋯⋯⋯⋯⋯⋯⋯ 192

6.3.2　文字的创建与编辑 ⋯⋯⋯⋯⋯⋯⋯⋯⋯⋯⋯⋯⋯⋯⋯⋯⋯ 193

6.3.3　创建变形文字 ⋯⋯⋯⋯⋯⋯⋯⋯⋯⋯⋯⋯⋯⋯⋯⋯⋯⋯⋯ 195

6.3.4　创建路径文字 ⋯⋯⋯⋯⋯⋯⋯⋯⋯⋯⋯⋯⋯⋯⋯⋯⋯⋯⋯ 195

6.4　工作任务 ⋯⋯⋯⋯⋯⋯⋯⋯⋯⋯⋯⋯⋯⋯⋯⋯⋯⋯⋯⋯⋯⋯⋯ 195

6.4.1　工作任务 1：使用"钢笔"工具绘制心形 ⋯⋯⋯⋯⋯⋯⋯ 195

6.4.2　工作任务 2：描边路径效果 ⋯⋯⋯⋯⋯⋯⋯⋯⋯⋯⋯⋯⋯ 197

6.4.3　工作任务 3：创建"路径文字"效果 ⋯⋯⋯⋯⋯⋯⋯⋯⋯ 200

6.5　任务拓展 ⋯⋯⋯⋯⋯⋯⋯⋯⋯⋯⋯⋯⋯⋯⋯⋯⋯⋯⋯⋯⋯⋯⋯ 201

6.5.1　任务拓展 1：使用"钢笔"工具抠图 ⋯⋯⋯⋯⋯⋯⋯⋯⋯ 201

6.5.2　任务拓展 2：路径调整五边形形状 ⋯⋯⋯⋯⋯⋯⋯⋯⋯⋯ 203

6.5.3　任务拓展 3：制作图案字 ⋯⋯⋯⋯⋯⋯⋯⋯⋯⋯⋯⋯⋯⋯ 205

工作领域七　通道、蒙版及滤镜 ⋯⋯⋯⋯⋯⋯⋯⋯⋯⋯⋯⋯⋯⋯⋯⋯⋯ 212

7.1　通道 ⋯⋯⋯⋯⋯⋯⋯⋯⋯⋯⋯⋯⋯⋯⋯⋯⋯⋯⋯⋯⋯⋯⋯⋯⋯ 213

7.1.1　通道控制面板 ⋯⋯⋯⋯⋯⋯⋯⋯⋯⋯⋯⋯⋯⋯⋯⋯⋯⋯⋯ 213

7.1.2　通道的基本操作 ·· 214

7.2　蒙版 ·· 216

7.2.1　快速蒙版 ·· 217

7.2.2　剪贴蒙版 ·· 217

7.2.3　矢量蒙版 ·· 218

7.2.4　图层蒙版 ·· 219

7.3　滤镜 ·· 220

7.3.1　滤镜库的功能 ·· 220

7.3.2　滤镜的使用 ·· 221

7.4　工作任务 ·· 225

7.4.1　工作任务 1：图层蒙版合成照片 ······························· 225

7.4.2　工作任务 2：用通道为桃花抠像 ································· 227

7.4.3　工作任务 3：剪贴蒙版合成风景照片 ·························· 229

7.4.4　工作任务 4：消失点滤镜编辑照片 ···························· 230

7.5　任务拓展 ·· 233

7.5.1　任务拓展 1：火焰抠像 ·· 233

7.5.2　任务拓展 2：婚纱照调色 ··· 234

7.5.3　任务拓展 3：制作牛奶字 ··· 235

工作领域八　综合实战 ·· 241

8.1　海报设计 ·· 241

8.2　包装设计 ·· 249

8.3　广告设计 ·· 257

8.4　网页设计 ·· 266

工作领域一

图像处理基础知识

Photoshop 是一款功能强大的图像处理软件，因此，了解图像处理的基础知识是学习 Photoshop 的基础。本工作领域主要介绍图像处理的基础知识，为后面的学习奠定基础。本工作领域涉及的知识点包括像素与分辨率、位图与矢量图、图像色彩模式、图像文件存储格式、Photoshop 应用领域及基本操作等，其中，图像分辨率和图像色彩模式以及文件的基本操作为本工作领域的重难点，在了解图像分辨率和图像色彩模式的概念的基础之上，掌握更改图像分辨率和图像色彩模式的方法。

【任务目标】

- 了解像素的概念。
- 了解位图与矢量图及常用的图像文件格式。
- 熟悉图像的不同色彩模式，掌握图像色彩模式的转换方法。
- 熟悉 Photoshop 应用领域和基本界面的组成。
- 要求学生熟练掌握 Photoshop 文件的基本操作。
- 熟悉工具箱中的各种工具。
- 要求学生能对图像进行变形。
- 通过完成任务，提高学习兴趣，养成细致、认真的操作习惯。

【任务导图】

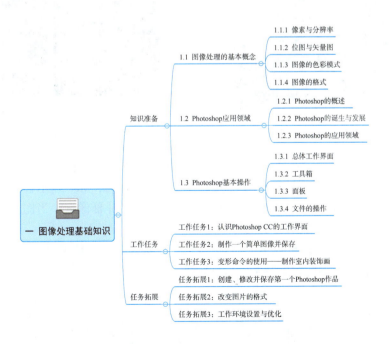

【知识准备】

1.1 图像处理的基本概念

1.1.1 像素与分辨率

1. 像素

在 Photoshop 中，像素是组成图像的基本单位。图像是由许多个小方块组成的，每一个小方块就是一个像素，每一个像素只显示一种颜色。它们都有自己明确的位置和色彩数值，即这些小方块的颜色和位置就决定该图像所呈现的样子，如图 1-1 所示。文件包含的像素数越多，分辨率越高，图像品质就越好，相应地，图像文件的数据量也越大。

2. 分辨率

（1）图像分辨率：在 Photoshop CC 2019 中，图像中每单位长度上的像素数目，称为图像的分辨率，其单位为像素/英寸（ppi）或像素/厘米。图像分辨率能够反映图像的细节表现情况，直接影响图像质量。在相同尺寸的两幅图像中，高分辨率的图像包含的像素比低分辨率的图像包含的像素多。

例如，一幅尺寸为 1 in①×1 in 的图像，其分辨率为 72 ppi，这幅图像包含 5 184 像素（72×72＝5 184）；同样尺寸，分辨率为 300 ppi 的图像，图像包含 90 000 个像素。相同尺寸下，分辨率为 72 ppi 的图像效果如图 1-2（a）所示，分辨率为 300 ppi 的图像效果如图 1-2（b）所示。由此可见，在相同尺寸下，高分辨率的图像能更清晰地表现图像。

图 1-1　像素

（a）　　　　　　　　（b）

图 1-2　300 ppi 与 72 ppi 对比

（2）屏幕分辨率（ppi）：显示器上每单位长度显示的像素数目。屏幕分辨率取决于显示器大小及其像素设置。PC 显示器的分辨率一般约为 96 ppi，Mac 显示器的分辨率一般约为 72 ppi。在 Photoshop 中，图像像素被直接转换成显示器屏幕像素，当图像分辨率高于屏幕分辨率时，屏幕中显示的图像比实际尺寸大。

（3）输出分辨率：照排机或激光打印机等输出设备产生的每英寸的油墨点数（dpi）。为获得好的效果，使用的图像分辨率应与打印机分辨率成正比。

---

① 1 in＝2.54 cm。

1.1.2　位图与矢量图

1. 位图

位图图像又称栅格图像，是由许多不同颜色的小方块也就是像素组成的，每一个像素有一个明确的颜色。由于位图采取了点阵的方式，使每个像素都能够记录图像的色彩信息，因而可以精确地表现色彩丰富的图像。但图像的色彩越丰富，图像的像素就越多，文件也就越大，因此，处理位图图像时，对计算机硬盘和内存的要求也比较高。

位图图像与分辨率有关，如果以较大的倍数放大显示图像，或以过低的分辨率打印图像，图像都会出现锯齿状的边缘，并且会丢失细节，如图 1-3 所示。

图 1-3　位图图像放大

位图图像的优点：

位图能够制作出色彩和色调变化丰富的图像，可以很容易地在不同软件之间交换文件。

位图图像的缺点：

位图无法制作真正的 3D 图像，图像缩放和旋转会产生失真现象，文件较大，对内存和硬盘空间容量需求较高。用数码相机和扫描仪获取的图像都属于位图。

2. 矢量图

矢量图也称为向量图，它是一种基于图形的几何特性来描述的图像。矢量图中的各种图形元素称为对象，每一个对象都是独立的个体，都具有大小、颜色、形状、轮廓等特性。

矢量图与分辨率无关，可以将它缩放到任意大小，其清晰度不变，也不会出现锯齿状的边缘。在任何分辨率下显示或打印，都不会丢失细节。图形的原始效果如图 1-4（a）所示，使用放大工具放大后，其清晰度不变，效果如图 1-4（b）所示。

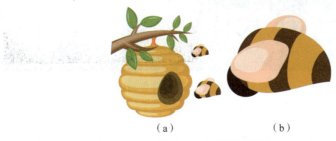

（a）　　　　　　　　　　（b）

图 1-4　矢量图图像放大

3. 位图与矢量图的区别（表 1-1）

表 1-1　位图与矢量图的区别

类别	位图	矢量图
组成	像素	图形（对象）
放大是否失真	失真	不失真
存储空间	相对较大	相对较小
文件大小影响因素	像素数量，即色彩丰富程度	图形的复杂程度
特点	色彩丰富，可逼真再现多彩世界	色彩不丰富，常用于制作文字、图标、Logo 等
编辑软件	Photoshop 等	Illustrator AutoCAD 等

1.1.3　图像的色彩模式

色彩模式也称颜色模式，是用来描述和表示颜色的各种算法或模型。常用的色彩模式有 RGB 模式、CMYK 模式、Lab 模式、灰度模式、位图模式、双色调模式、索引模式、多通道模式等。

1. RGB 色彩模式

该模式中，R 代表红色，G 代表绿色，B 代表蓝色，这三种颜色被称三基色，通过三基色不同程度的叠加混合得到 RGB 色彩模式中的所有颜色。由于三基色的叠加混合可提高色彩的亮度，因此该模式又被称为"加色模式"。该模式普遍应用于显示器，最大的特点是能够很好地模拟自然界色彩，是目前使用最广泛的颜色系统之一。RGB 色彩模式中三基色的叠加效果如图 1-5 所示。

图 1-5　RGB 色彩模式中三基色的叠加效果

该模式有 3 个通道，如图 1-6 所示，分别存放三基色。每种基色均有 256 种强度，取值范围为 0~255 之间的整数。三基色的取值越大，产生的颜色越明亮，例如取值为（255，255，255）时为白色，取值为（0，0，0）时为黑色。

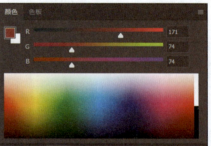

图 1-6　RGB 颜色通道示意图和颜色面板

2. CMYK 色彩模式

CMYK 代表了印刷上用的 4 种油墨颜色：C 代表青色，M 代表洋红色，Y 代表黄色，K

代表黑色。该模式有 4 个通道，分别存放青色、洋红色、黄色、黑色，每种颜色的取值范围为 0~100%。CMYK 模式在印刷时应用了色彩学中的减色法混合原理，即减色色彩模式，它是图片、插图和其他作品中最常用的一种印刷方式。这是因为在印刷中通常都要进行四色分色，出四色胶片，然后再进行印刷，如图 1-7 所示。

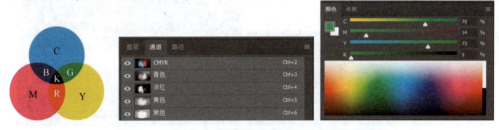

图 1-7　CMYK 色彩模式颜色通道示意图和颜色面板

3. 灰度色彩模式

灰度模式（灰度图）又称为 8 位深度图。如图 1-8 所示，每个像素用 8 个二进制位表示，能产生 256 级灰色调，当一个彩色文件被转换为灰度模式文件时，所有的颜色信息都将从文件中丢失。图 1-9 所示是 RGB 和灰度色彩模式对比效果。

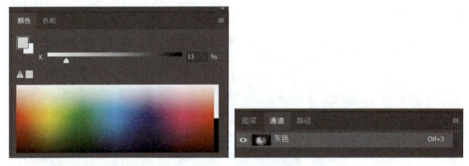

图 1-8　灰度色彩模式颜色通道示意图和颜色面板

（a）　　　　　　　　　　　（b）

图 1-9　RGB 和灰度色彩模式对比效果

尽管 Photoshop 允许将一个灰度文件转换为彩色模式文件，但不可能将原来的颜色完全还原。所以，当要转换灰度模式时，应先做好图像的备份。

4. Lab 模式

Lab 是 Photoshop 中的一种国际色彩标准模式，它由 3 个通道组成：一个通道是明度，即 L；其他两个是色彩通道，即色相与饱和度，用 a 和 b 表示。a 通道包括的颜色值从深绿到灰，再到亮粉红色；b 通道是从亮蓝色到灰，再到焦黄色，如图 1-10 所示。

图 1-10　Lab 颜色通道和颜色控制面板

5. 位图模式

位图模式只有黑和白两种颜色，它适合制作艺术样式或用于创作单色图形。彩色图像转换为该模式后，色相和饱和度信息都会被删除，只保留亮度信息，它包含的信息最少，因而图像也最小，如图 1-11（a）和图 1-11（b）所示。放大位图颜色模式后，可以明显看到图像中的像素只有黑白两种颜色，如图 1-11（c）所示。

（a）　　　　　　　　　　（b）　　　　　　　　　　（c）

图 1-11　位图色彩模式

1.1.4 图像的格式

PSD 格式是 Photoshop 软件自身的专用文件格式，PSD 格式能够保存图像数据的细小部分，如图层、蒙版、通道等，以及其他 Photoshop 对图像进行特殊处理的信息。在没有最终决定图像存储的格式前，最好先以这种格式存储。另外，Photoshop 打开和存储这种格式的文件较其他格式更快。

JPEG（Joint Photographic Experts Group，联合图片专家组）格式既是 Photoshop 支持的一种文件格式，也是一种压缩方案。它是 Macintosh 上常用的一种存储类型。JPEG 格式是压缩格式中的"佼佼者"，与 TIF 文件格式采用的 LIW 无损失压缩相比，它的压缩比例更大。但它使用的是有损失压缩，会丢失部分数据。用户可以在存储前选择图像的最后质量，这样就能控制数据的损失程度了。

　　在 Photoshop 中，有低、中、高和最高 4 种图像压缩品质可供选择。以高质量保存图像比其他质量的保存形式占用更大的磁盘空间；而选择低质量保存图像则会损失较多数据，但占用的磁盘空间较少。

　　EPS 格式为压缩的 PostScript 格式，是为在 PostScript 打印机上输出图像开发的格式。其最大优点是在排版软件中可以低分辨率预览，而在打印时以高分辨率输出。它不支持 Alpha 通道，但可以支持裁切路径。

　　EPS 格式支持 Photoshop 中所有的颜色模式，可以用来存储点阵图和向量图形。在存储点阵图像时，还可以将图像的白色像素设置为透明的效果，它在位图模式下也支持透明效果。

　　PNG 格式是用于无损压缩和在 Web 上显示图像的文件格式，是 GIF 格式的无专利替代品，它支持 24 位图像且能产生无锯齿状边缘的背景透明度；还支持无 Alpha 通道的 RGB、索引颜色、灰度和位图模式的图像。某些 Web 浏览器不支持 PNG 图像。

　　TIF 是标签图像格式。TIF 格式对于色彩通道图像来说具有很强的可移植性，它可以用于 PC、Macintosh 及 UNIX 工作站三大平台，是这三大平台上使用最广泛的绘图格式。

　　用 TIF 格式存储时，应考虑到文件的大小，因为 TIF 格式的结构要比其他格式更大、更复杂。但 TIF 格式支持 24 个通道，能存储多于 4 个通道的文件格式。TIF 格式还允许使用 Photoshop 中的复杂工具和滤镜特效。

1.2　Photoshop 应用领域

1.2.1　Photoshop 的概述

　　Adobe Photoshop，简称"PS"，是一款专业的数字图像处理软件，深受创意设计人员和图像处理爱好者的喜爱。PS 拥有强大的绘图和编辑工具，可以对图像、图形、文字、视频等进行编辑，完成抠图、修图、调色、合成、特效、3D、视频编辑等工作。

　　Photoshop 是目前最强大的图像处理软件，人们常说的 P 图，就是从 Photoshop 而来。作为设计师，无论身处哪个领域，如平面、网页、效果图后期、动画和影视等，都需要熟练掌握 Photoshop。

1.2.2　Photoshop 的诞生与发展

　　如图 1-12 所示，双击 Photoshop 图标，启动 Photoshop，在启动界面会出现一个名单。在出现的名单中，排在第一位的一定是对 Photoshop 最重要的人，他就是托马斯·诺尔（Thomas Knoll）。

　　图 1-13 所示为两位与 Photoshop 软件相关的研发者。1987 年，Thomas Knoll 是美国密歇根大学的博士生，他在完成毕业论文的时候，发现苹果计算机黑白位图显示器上无法显示带灰阶的黑白图像，于是他动手编写了一个叫 Display 的程序，可以在黑白位图显示器上显示带灰阶的黑白图像，后来他又和哥哥 John Knoll 一起在 Display 中增加了色彩调整、羽化等功能，并将 Display 更名为 Photoshop。后来，软件巨头 Adobe 公司花了 3 450 万美元买下了 Photoshop。

图 1-12　**Photoshop** 图标和运行界面

（a）　　　　　　　（b）

图 1-13　**Photoshop** 软件的研发者

（a）Thomas Knoll；（b）John Knoll

Adobe 公司于 1990 年推出了 Photoshop 1.0，之后不断优化 Photoshop。随着版本的升级，Photoshop 的功能越来越强大。Photoshop 的图标设计也在不断变化，直到 2002 年推出了 Photoshop 7.0。图 1-14 所示为 Photoshop 早期版本图标。

2003 年，Adobe 整合了公司旗下的设计软件，推出了 Adobe Creative Suit（Adobe 创意套装），简称 Adobe CS。Photoshop 也命名为 Photoshop CS，之后陆续推出了 Photoshop CS2、Photoshop CS3、

Photoshop CS4、Photoshop CS5，2012 年推出了 Photoshop CS6。

图 1-14　**Photoshop** 早期版本图标

2013 年，Adobe 公司推出了 Adobe Creative Cloud（Adobe 创意云），简称 Adobe CC。Photoshop 也命名为 Photoshop CC，如图 1-15 所示。

Photoshop CS　　Photoshop CS2　　Photoshop CS3　Photoshop CS4　　Photoshop CS5　Photoshop CS6　Photoshop CC

Adobe Creative Cloud（也就是Adobe创意云），简称Adobe CC　　　Photoshop CC

图 1-15　**Photoshop** 近期版本图标

1.2.3 Photoshop 的应用领域

1. 平面设计

如图 1-16 所示，Photoshop 在平面设计中的应用最为广泛，无论是广告、海报还是宣传单等设计，都需要使用 Photoshop 处理制作完成。

图 1-16 平面设计

2. 网页设计

在制作网页时，Photoshop 是必不可少的静态网页图像处理软件，绝大部分网页的静态页面都需要使用 Photoshop 处理制作完成，如图 1-17 所示。

图 1-17 网页设计

3. 数码影像创意与后期处理

Photoshop 具有强大的图像处理和修饰功能，利用这些功能，可以对数字影像快速进行抠图、修图、调色等效果制作，可实现对影像的创意，可以将原本毫不相关的对象巧妙地组合在一起，使图像发生巨大变化，得到截然不同的效果，如图 1-18 所示。

图 1-18　Photoshop 影像创意与后期

4. 数字绘画

由于 Photoshop 具有良好的绘画与调色功能，许多插画设计制作者往往采取使用铅笔绘制草稿，然后用 Photoshop 填色的方法来绘制插画，如图 1-19 所示。

图 1-19　Photoshop 数字绘画

5. 产品设计

如图 1-20 所示，Photoshop 在产品设计的效果图表现阶段发挥着重要作用，利用 Photoshop 的强大功能可以充分绘制出产品的特色效果。

图 1-20　Photoshop 产品设计

6. 效果图处理

Photoshop 作为强大的图像处理软件，不仅可以对渲染出的室内外效果图、园林景观效果图进行配景、色调调整等后期处理，还可以绘制精美贴图，将其贴在模型上，从而达到好的渲染效果，如图 1-21 所示。

图 1-21　Photoshop 效果图后期处理

7. 界面设计

如图 1-22 所示，界面设计是一个新兴的领域，已经受到越来越多的软件企业及开发者的重视，绝大多数做界面设计的设计者使用的都是 Photoshop。

8. 电商美工设计

Photoshop 是一款广泛应用于美术设计、图像处理的软件工具。在设计师和美工的角度，通过图像处理、色彩调整、图层组合等丰富的工具，能够帮助网店美工更好地完成设计任务，提高商品展示的美观度和表现力，如图 1-23 所示。

图 1-22　界面设计　　　　　　　　　图 1-23　电商美工设计

1.3　Photoshop 基本操作

1.3.1　总体工作界面

熟悉工作界面是学习 Photoshop CC 的基础。熟练掌握工作界面的内容，有助于初学者日后得心应手地驾驭软件。Photoshop CC 2019 的工作界面主要由菜单栏、工具箱、属性栏、控制面板和状态栏组成，如图 1-24 所示。

图 1-24　Photoshop 工作界面

1. 菜单栏

如图 1-25 所示，Photoshop CC 包含 11 组菜单，菜单中包含各种可以执行的命令。例如"文件"菜单包含的就是一系列设置文件的命令，"图像"菜单中是各种图像调整命令，"滤镜"菜单中包含各种滤镜。

图 1-25　菜单栏

2. 工具栏

Photoshop CC 的工具栏中包括选择工具、绘图工具、文字工具、填充工具、编辑图像工具、颜色选择工具、屏幕视图工具、快速蒙版工具等。

3. 工具属性栏

当选择某个工具后，会出现相应的工具属性栏，随着所选工具的不同，属性栏中的内容也会发生改变。可以通过属性栏对工具进行进一步的设置。例如，当选择"钢笔"工具时，工作界面的上方会出现相应的"钢笔"工具属性栏，可以应用属性栏中的各个命令对工具做进一步的设置，达到不同的效果，如图 1-26 所示。

图 1-26　钢笔工具属性栏

4. 状态栏

打开一幅图像时，图像的下方会出现该图像的状态栏，状态栏的左侧显示当前图像缩放显示的百分数。在显示比例区的文本框中输入数值可改变图像窗口的显示比例。在状态栏的中间部分显示当前图像的文件信息，单击 ">" 按钮，在弹出的菜单中可以选择当前图像的相关信息，如图 1-27 所示。

图 1-27 状态栏

5. 控制面板

Photoshop CC 有多个面板，面板是用来设置颜色、工具参数和执行各种编辑命令的。在"窗口"菜单中可以选择需要的面板将其打开。默认情况下，面板以选项卡的形式成组出现，并显示在窗口右边，用户可以根据需要打开、关闭或自由组合面板。图 1-28 所示为图层控制面板。

图 1-28 图层控制面板

1.3.2 工具箱

如图 1-29（a）所示，Photoshop CC 的工具箱中包括选择工具、绘图工具、填充工具、编辑工具、颜色选择工具、屏幕视图工具、快速蒙版工具等。工具箱中集合了图像处理过程中使用频繁的工具，使用它们可以进行绘制图像、修饰图像和创建选区等操作。工具箱默认位于工作界面左侧，通过拖曳其顶部可以将其拖曳到工作界面的任意位置。

工具按钮右下角的黑色小三角标记表示该工具位于一个工具组中，其中还有一些隐藏的工具，在该工具按钮上按住鼠标左键不放或使用右击，可显示该工具组中隐藏的工具，如图 1-29（b）所示。

工具名称后面的字母，代表选择此工具的快捷键 ，只要在键盘上按该字母键，就可以快速切换到相应的工具上。例如，画笔的快捷键是 B。

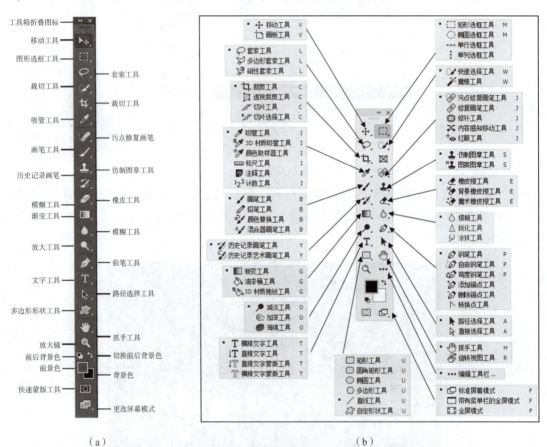

（a）   （b）

图 1-29　工具箱展开

工具箱中选取颜色：

1. 前景色与背景色

在 Photoshop 中，前景色■和背景色□都位于工具箱下方。前景色和背景色的设置让设计人员在图像处理过程中能够更快速、高效地设置和调整颜色。默认状态下，前景色为黑色，背景色为白色，如图 1-30 所示。

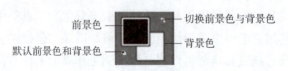

图 1-30　前景色与背景色

2. 拾色器

通过"拾色器"对话框可以设置前景色和背景色，并根据自己的需要设置出任何颜色。

单击工具箱下方的"前景色"按钮或"背景色"按钮，即可打开"拾色器"对话框。在对话框中拖曳颜色滑条上的三角形滑块，可以改变左侧主颜色框中的颜色范围，用鼠标单击颜色区域，即可"拾取"需要的颜色，"拾取"后的颜色值将显示在右侧对应的数值框中，设置完成后单击"确定"按钮，如图 1-31 所示。

图 1-31　拾色器对话框

3. 使用吸管工具选取颜色

使用"吸管工具" 可以吸取图像中的颜色作为前景色或背景色。在工具箱中选择"吸管工具" ，将鼠标指针移动到需要取色的位置处单击即可选取颜色。如图 1-32 所示，将默认的黑色前景色更改为图像中的粉色。

图 1-32　吸管工具使用

1.3.3 面板

控制面板是处理图像时另一个不可或缺的部分。Photoshop CC 为用户提供了 26 个控制面板组。在控制面板可以进行下列操作。

1. 选择面板

在"面板"选项卡中单击一个面板的名称，即可显示面板中的选项，如图 1-33 所示。

图 1-33　显示面板

2. 拆分控制面板

把光标放在面板的名称上，鼠标拖曳到其他任意地方可以分离面板，如图 1-34 所示。

图 1-34　拆分面板

3. 折叠与展开面板

单击面板右上方的三角按钮，可以将面板折叠为图标状，如 1-35（a）所示；单击面板右上角方向相反的三角按钮，可以将面板图标展开，如图 1-35（b）所示。

4. 组合控制面板

把光标放在面板标题栏名称上，拖曳面板到另一个面板的标题栏上，出现蓝色框时放开鼠标，可以将其与目标面板组合，如图 1-36 所示。

（a）　　　　　　（b）

图 1-35　折叠与展开面板

5. 控制面板弹出式菜单

单击面板右上角的菜单按钮，可以打开面板菜单，菜单中包含了该面板相关的各种命令，如图 1-37 所示。

图 1-36　组合面板

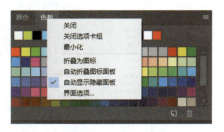

图 1-37　面板菜单

6. 打开和关闭面板

打开"窗口"菜单中，可以单击选择打开或关闭菜单，也可以在面板标题栏单击右键，选择"关闭"选项来菜单。

1.3.4　文件的操作

1. 新建图像（Ctrl+N）

在对话框中，根据需要单击上方的"类别"选项卡，选择需要的预设新建文档；或在右侧的选项中修改图像的名称、宽度、高度、分辨率、颜色模式等预设数值来新建文档，单击图像名称右侧的按钮，新建文档预设，设置完成后，单击"创建"按钮，即可完成新建图像的任务，如图 1-38 所示。

图 1-38　"新建文档"对话框

2. 打开图像

如果要对图片进行修改和处理，要在 Photoshop 中打开需要的图像。选择"文件"→"打开"命令或按"Ctrl+O"组合键，弹出"打开"对话框，在其中选择查找范围和文件，确认文件类型和名称，通过 Photoshop 提供的预览缩略图选择文件。单击"打开"按钮或直接双击文件，即可打开所指定的图像文件，如图 1-39 所示。

3. 保存图像

编辑和制作完图像后，就需要将图像进行保存，以便下次打开继续操作。按"Ctrl+S"组合键或者选择"文件"→"存储"命令，可以存储文件。如果作品是第一次存储，将弹出"存储为"对话框，如图 1-40 所示。在对话框中输入文件名，选择保存文件类型，单击"保存"按钮，可以将图像进行保存。

4. 关闭图像

图像存储完成后，可以将其关闭。要关闭图像文件，可以使用以下几种方法：

（1）单击图像标题栏最右端的"关闭"按钮。

（2）选择菜单"文件"→"关闭"命令或者按"Ctrl+W"组合键，关闭当前图像文件。

图 1-39　打开图像

图 1-40　"存储为"对话框

（3）选择菜单"文件"→"全部关闭"命令或者按"Ctrl+Shift+W"组合键，关闭工作区中打开的所有图像文件。

关闭图像时，若当前文件是新建文件或者被修改过，则会弹出提示对话框，单击"是"按钮即可存储并关闭图像，退出 Photoshop CC 应用程序，如图 1-41 所示。

图 1-41　关闭对话框

5. 调整图像尺寸

（1）调整图像尺寸。

一个图像的大小由它的宽度、长度、分辨率来决定，在新建文件"新建"对话框右侧会显示当前新建后文件的大小。当图像文件完成创建后，如果需要改变其大小，可以选择"图像"→"图像大小"命令，打开"图像大小"对话框，如图 1-42 所示。

图 1-42　图像大小调整

（2）调整画布尺寸。

选择"图像"→"画布大小"命令，打开"画布大小"对话框，如图 1-43 所示，在其中可以修改画布的"宽度"和"高度"数值。

6. 网格

网格对于对称的布置非常有用，执行"视图"→"显示"→"网格"菜单命令，可以显示网格，显示网格后可执行"视图"→"对齐到"→"网格"菜单命令启用对齐功能，如图 1-44 所示，此后进行创建选区和移动图像等操作时，对象会自动对齐到网格上。

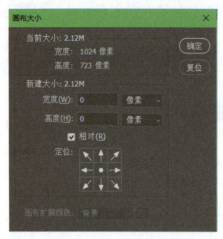

图 1-43　图像大小调整

图 1-44　网格的显示

7. 抓手工具

在"工具箱"中单击"抓手工具"按钮，可以激活抓手工具。图 1-45 所示为抓手工具属性栏。

图 1-45　抓手工具属性栏

8. 标尺

（1）设置标尺可以精准地编辑和处理图像。执行"编辑"→"首选项"→"单位与标尺"菜单命令，可以在弹出的"首选项"对话框中设置标尺的详细参数。

（2）执行"视图"→"标尺"菜单命令，或按"Ctrl+R"组合键，此时窗口的顶部和左边会出现标尺，在标尺上右击，可以弹出菜单切换标尺单位，如图 1-46 所示。

图 1-46　标尺

（3）默认情况下，标尺的原点位于窗口的左上角，修改原点的位置，可以从图像上的特定点开始进行测量。将光标放在左上角，单击并向右下拖曳，画面中会显示十字线，将它拖曳至合适位置，该处就会成为新的原点位置。

9. 参考线

选择"视图"→"显示"→"参考线"命令，可以显示或隐藏参考线，此命令只有在存在参考线的前提下才能应用。反复按"Ctrl+;"组合键，也可以显示或隐藏参考线。选择"视图"→"新建参考线"命令，弹出"新建参考线"对话框，设定后单击"确定"按钮，图像中出现新建的参考线，如图1-47所示。

图1-47　新建参考线

10. 自由变换（Ctrl+T）

在处理图像的过程中，经常需要对图像进行变换操作，以使图像的大小、方向、形状或透视符合作图要求。

将鼠标指针放置到变换框各边中间的调节点上，待鼠标指针的形状显示为 ↕ 或 ↔ 时，按下鼠标左键并左右或上下拖曳鼠标，即可水平或垂直缩放图像，如图1-48所示。

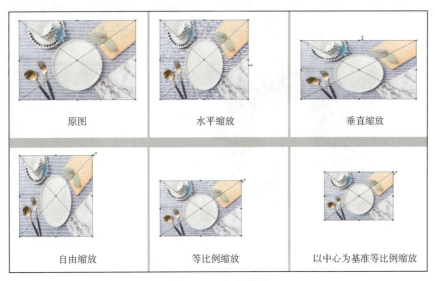

原图	水平缩放	垂直缩放
自由缩放	等比例缩放	以中心为基准等比例缩放

图1-48　自由变换

旋转图像：

将鼠标指针移动到变换框的外部，待鼠标指针的形状显示为 ↱ 或 ↰ 时，拖曳鼠标即可旋转图像。若按住Shift键并旋转图像，可以使图像按15°的倍数旋转。在"编辑"→"变换"命令的子菜单中选择"旋转180度""旋转90度（顺时针）""旋转90度（逆时针）""水平翻转"或"垂直翻转"等命令，可以将图像旋转180°、顺时针旋转90°、逆时针旋转90°、水平翻转或垂直翻转。

变形：

（1）斜切：斜切就是切断一个角，使用"斜切"可以在任意方向上倾斜Photoshop图像，如果按住"Shift"键，可以在垂直方向或水平方向上倾斜图像。

（2）扭曲：扭曲会改变物体的内外度，让物体看起来比较特别，也可以用来增加美感。

（3）透视：透视给人一种由远到近的感觉，特别适合拍照远景使用，可以重点突出某种物体。

（4）变形：照片上节点变多，而且可以利用其中变多的节点，来让照片某一部分被拉伸或者缩小、变大等。

【工作任务】

1.4 工作任务

1.4.1 工作任务 1：认识 Photoshop CC 的工作界面

1. 任务展示

工作界面如图 1-49 所示。

图 1-49　工作界面

2. 任务分析

认识 Photoshop CC 的工作界面，掌握自定义工作界面的方法。

3. 任务要点

认识工作界面的组成和作用。

了解屏幕模式和工具箱的使用方法。

掌握面板的操作和历史记录面板的打开方法。

4. 任务实现

（1）启动 Photoshop CC，打开如图 1-49 所示的工作界面，认识标题栏、菜单栏、工具栏等，单击标题栏中的"屏幕模式"按钮，可以切换 3 种屏幕显示方式，分别是标准屏幕模式、带有菜单栏的全屏模式、全屏模式；按 Tab 键，可以关闭工具箱和面板，再按 Tab 键，将重新显示工具箱和面板。

（2）认识工具箱，了解工具箱的快捷键，比如：画笔工具的快捷键是"B"，按下工具右下角的折叠符号，可以看到折叠的工具命令。

（3）单击面板右侧的"折叠为图标"按钮，面板折叠成图标；单击"展开面板"按钮，面板恢复原样。面板以图标显示时，单击任一图标，可以展开相应的面板；反之，则折叠。当右击█按钮时，通常可以弹出快捷菜单，练习面板的折叠与展开。

（4）将面板拖到屏幕中央，再移回原位置对齐，最后利用"窗口"菜单中的工作区"复位基本功能"还原到最初的界面布局。

（5）单击"窗口"选项，选择相应的菜单命令可以将"历史记录"的面板显示出来，方便查看绘图步骤和修改图像，如图 1-50 所示。如要关闭某一面板，右击面板名称，弹出快捷菜单，可以对当前面板进行各项操作。

图 1-50　历史记录面板

1.4.2　工作任务 2：制作一个简单图像并保存

1. 任务展示

生日贺卡效果图如图 1-51 所示。

2. 任务分析

制作一个"生日贺卡"作品。

3. 任务要点

掌握新建、打开、保存、关闭图像的方法，为用户以后的图像处理工作奠定基础。

4. 任务实现

（1）启动 Photoshop CC，选择"文件"→"新建"命令或按"Ctrl＋N"组合键，在"新建"对话框中设置以下所有参数，设置"自定"图像尺寸，图像的宽度为"12 厘米"、长度为"10 厘米"，背景设置为"白色"，其余参数如图 1-52 所示，然后单击"创建"按钮，就创建好了一个空白图像文件当作贺卡的背景。

图 1-51　生日贺卡效果图

制作一个简单图像并保存

图 1-52　新建图像

（2）单击工具栏下方的"拾色器"按钮 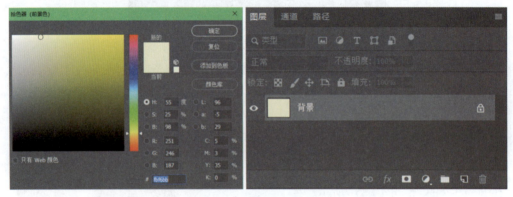，打开"拾色器（前景色）"对话框，设置前景色为（R:251，G:246，B:187），单击"确定"按钮，按下键盘上的"Alt+Delete"组合键，将前景色填充到背景图像中，如图 1-53 所示。

图 1-53　设置背景颜色

（3）选择"文件"中的"打开"命令或按"Ctrl+O"组合键，选中素材"01.jpg"，单击"打开"按钮，选中图层，然后依次按"Ctrl+A""Ctrl+C"组合键，切换到"生日贺卡"图像选项卡，将其切换为当前窗口，再按"Ctrl+V"组合键将 01 图像粘贴到"背景"窗口中；按下"Ctrl+T"自由变换组合键，调整图像大小，如图 1-54 所示。

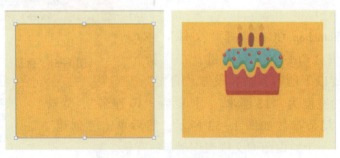

图 1-54　变换图像和移动图像

（4）如图 1-55 所示，重复操作步骤（3），将素材"02.jpg""03.jpg"复制到"背景"图像窗口中。

（5）选取工具箱中的"移动"工具，在"背景"图像上按住鼠标左键，将"02.jpg""03.jpg"素材拖动到恰当的位置再释放，如图 1-56 所示。

图 1-55　添加更多素材　　　　　　　　图 1-56　移动素材

（6）选择"文件"→"存储为"命令或按"Ctrl+S"组合键，打开"存储为"对话框，设置相关参数，单击"保存"按钮，将文件保存为"生日贺卡.psd"。

1.4.3　工作任务 3：变形命令的使用——制作室内装饰画

1. 任务展示

制作室内装饰画效果图，如图 1-57 所示。

图 1-57　制作室内装饰画效果图　　　　　　　　变形命令的使用

2. 任务分析

使用变形工具对装饰画进行旋转和裁剪等操作，调整位置和大小，使整个装饰画画面更加美观。

3. 任务要点

全面操作变形工具，移动图像、旋转图像、裁剪图像、变换图像。

4. 任务实现

（1）打开 PS 软件，在左上角菜单栏单击"文件"菜单，选择打开"Ch01\素材\变形命令的使用\01"，如图 1-58 所示。

图 1-58　打开素材图像

（2）选择菜单选项"图像"→"旋转图像"命令，在弹出的快捷菜单中选择"逆时针 90 度"命令，如图 1-59 所示。

图 1-59　旋转图像

（3）按下"Alt+鼠标中间的滚轮键"，滚动缩放图像，直到将图像缩放到可以在窗口中全部显示。

（4）单击工具箱中的"裁剪"工具 ，单击图像，此时在图像上出现黑色的网格线和不同的控制点，将鼠标指针移动到图像下方的控制点，当指针变成 ↕ 形状时，裁剪图像的下半部分和周围多余的部分，完成双击鼠标，退出裁剪状态，如图 1-60 所示。

（5）单击"文件"菜单中的"打开"命令，打开素材文件夹中的"02.jpg"图像，按"Ctrl+R"组合键，打开标尺，用鼠标沿着标尺向四周拖曳，在画框的周边添加参考线，如图 1-61 所示。

图 1-60　裁剪多余的图像部分

图 1-61　设置参考线

（6）如图 1-62 所示，选择"01"图像窗口，切换窗口，在工具箱中选择移动工具，将 01 图像移动到"02.jpg"图像窗口中。

图 1-62　移动 02 图像

（7）选择"自由变换"命令或者按"Ctrl+T"组合键，拉伸 01 图像的大小，可以随意扩大或者缩小图片。默认是等比缩放图像。按下"Shift"键并向下拖曳图像，直到图像完全和左右两侧的参考线所构成的区域完全重合，完成后按"Enter"键确认变换，如图 1-63 所示。

图 1-63　等比缩放图像

（8）应用"自由变换"命令继续修改图片，直至完全合适。

（9）单击"视图"菜单中的"清除参考线"命令，将参考线从图像中删除，如图 1-64（a）所示。设置两个图层的混合模式为"正片叠底"，让图像更加自然地与背景融合在一起，如图 1-64（b）所示。最终图像完成效果如图 1-65 所示，保存图像。

（a）　　　　　　　　　　　（b）

图 1-64　改变图像混合模式　　　　　　　　图 1-65　完成图像

【任务拓展】

1.5　任务拓展

1.5.1　任务拓展 1：创建、修改并保存第一个 Photoshop 作品

1. 任务展示

完成图像效果图如图 1-66 所示。

图 1-66　完成图像效果图

创建、修改、保存你的
第一个 Photoshop 作品

2. 任务分析

学习缩放图像、设置参考线和调整图像大小。

3. 任务要点

熟练掌握 Photoshop 的基本工具，包括辅助线的设置、图像的缩放和图像大小的调整等，可以对图像进行精确处理。

4. 任务实现

（1）在 Photoshop 中打开"Ch01\素材\第一个 Photoshop 作品\01.jpg"文件。

（2）单击其标题栏，使其悬浮显示，按"Ctrl+0"组合键使其按屏幕大小进行自动缩放，放大也可以用"Ctrl++"组合键，缩小可以按下"Ctrl+-"组合键。

（3）单击"图像"菜单，选择"图像大小"。在弹出的对话框中查看该图像的宽度、高度信息（宽度 90.31 厘米、高度 67.73 厘米），修改图像大小为 90 厘米、68 厘米，如图 1-67 所示。接着按下"Ctrl+R"组合键打开标尺。

图 1-67　修改图像大小

（4）将鼠标放置在水平标尺位置，右击，查看单位是否为"厘米"，向下拖动鼠标引出一条水平参考线；同样，引出一条垂直方向参考线。

（5）分别移动水平参考线和垂直参考线，使其分别处于水平标尺和垂直标尺的中心。

（6）打开素材图片文件夹中的 02.jpg 文件，单击"图像"菜单，选择"图像大小"，取消勾选"约束比例"，将图像文件的宽度、高度分别改成图像文件 01.jpg 宽度和高度的一半（宽度 45 厘米、高度 34 厘米），修改结果如图 1-68 所示。

（7）按"Ctrl+A"组合键全选图像，选择移动工具，按住鼠标左键并拖动"02.jpg"至图像"01.jpg"中。

（8）继续使用移动工具，在图像 01.jpg 中选择刚移动进来的图像，将其放置在左下角的位置，按"Ctrl+T"组合键调整大小和位置。放置效果如图 1-69 所示。保存图像为"我的作品.psd"格式，任务结束。

图 1-68　修改图像大小

图 1-69　完成效果图

1.5.2　任务拓展 2：改变图片的格式

1. 任务目的

练习修改图像，保存图片，转换图片的格式。

2. 任务内容

使用"魔棒工具"选出选区，使用"存储为"命令将图片处理后存储为透明格式的 PNG 图像。

转换图片文件
的格式

3. 任务实现

（1）按"Ctrl+O"组合键，打开素材"Ch01\改变图片格式素材\向日葵.jpg"文件。

（2）使用工具栏上的"魔棒"工具，单击属性栏上"添加到选区"，连续单击选择图像中背景部分的像素，将灰白色背景区域添加为选区，如图 1-70 所示。

（3）如图 1-71 所示，双击右下角"图层"面板后面的锁定图标，将图层转换为普通 0 图层。

（4）按下键盘上的"Delete"键将背景区域删除。

（5）按"Ctrl+S"组合键或执行"文件"菜单中的"存储为"命令，如图 1-72 所示。

图 1-70　选区选择

图 1-71　解锁图层

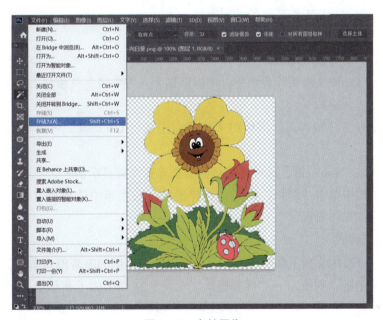

图 1-72　存储图像

（6）在打开的"另存为"对话框中选择"PNG"格式，文件名不变，就可以将文件存储为可以保留透明像素的 PNG 图像格式，如图 1-73 所示，这样以后就可以作为素材直接导入文档中，本案例结束。

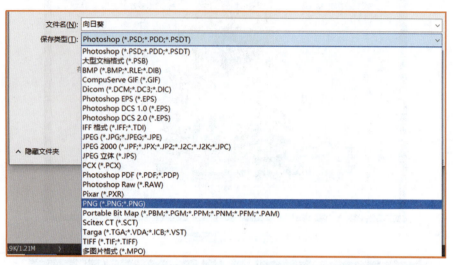

图 1-73 "另存为"对话框

1.5.3 任务拓展 3：工作环境设置与优化

1. 任务分析

设置工作环境、切换屏幕模式、设置暂存盘、保存常用的工作界面。

2. 任务要点

掌握设置工作界面和工作环境的常用方法。

3. 任务实现

1）显示与隐藏工具箱和面板

在 Photoshop CC 中文版工作界面中，可以根据个人需要将工具箱和工作面板进行隐藏或显示，其操作方法分别如下。

隐藏：在带有工具箱和工作面板的工作界面中按"Tab"键，可以隐藏工具箱和工作面板。

显示：再次按"Tab"键，又可将隐藏的工具箱和面板显示出来。

注：在菜单栏中单击"窗口"命令，在弹出的下拉菜单中选择相应命令即可显示或隐藏指定的工具箱或工作面板。

2）切换屏幕模式

在 Photoshop CC 中文版工作界面中，可以随时使用不同的屏幕模式来查看制作的图像效果。在菜单栏中单击"视图"→"屏幕模式"命令，在弹出的子菜单中即可选择相应的选项来设置屏幕模式。此外，在工具箱中右键单击"更改屏幕模式"按钮，在弹出的子菜单中也可根据需要选择屏幕模式，如图 1-74 所示。

图 1-74　屏幕模式更改

3）设置暂存盘

在默认状态下，Photoshop CC 将使用系统盘作为暂存盘，用来暂时存储图像处理时的数据。用户在进行大尺寸或复杂图形的处理时，系统可能会提示"暂存盘已满，Photoshop 不能进行其他操作"，这时就需要重新设置暂存盘。

在菜单栏中选择"编辑"→"首选项"→"性能"命令，弹出"首选项"对话框，在"暂存盘"栏，勾选"D:\""E:\"复选框，将 D 盘和 E 盘作为暂存盘，然后单击"确定"按钮即可，如图 1-75 所示。

图 1-75　修改暂存盘

4）保存当前的工作界面方案

在 Photoshop CC 中文版中自定义工作界面后，应及时将其保存，以便日后载入，方便使用。自定义工作界面后，单击菜单栏的"窗口"→"工作区"→"新建工作区"命令，如

图 1-76 所示。

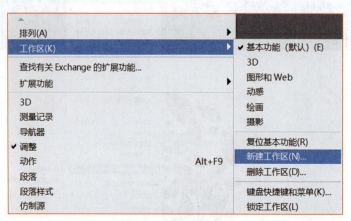

图 1-76　新建工作区

如图 1-77 所示，在弹出的"新建工作区"对话框的"名称"文本框中输入工作界面名称，这里输入"我的工作界面"，然后单击"存储"按钮，即可保存当前工作界面。

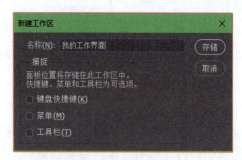

图 1-77　存储工作区

注：如果需要使用默认工作界面，在菜单栏选择"窗口"→"工作区"→"基本功能（默认）"命令，即可快速恢复至默认状态。

【任务总结】

通过本工作领域的完成，了解了像素的概念，熟悉了位图与矢量图及常用的图像文件格式，了解了 Photoshop 的应用领域，掌握了基本的操作，也熟悉了图形的新建、工作界面的组成和自由变换等命令的使用，为接下来完成图形的一系列处理打下了基础。在任务完成的过程中，请同学们勇于探索、精益求精，养成细致、认真的操作习惯，具备大国工匠精神和团队合作的学习作风。

【任务评价】

根据下表评分要求和准则，结合学习过程中的表现开展自我评价、小组评价、教师评价，以上三项加权平均计算出最后得分。

考核项	项目要求		评分准则	配分	自评	互评	师评
基本素养 （20分）	学习态度 （8分）	按时上课，不早退	缺勤全扣，迟到早退一次扣2分	2分			
		积极思考、回答问题	根据上课统计情况得1~4分	4分			
		执行课堂任务	此为否定项，违反酌情扣10~100分	0分			
		学习用品准备	自己主动准备好学习用品并齐全	2分			
	职业道德 （12分）	主动与人合作	主动合作4分，被动合作2分	4分			
		主动帮助同学	能主动帮助同学4分，被动2分	4分			
		严谨、细致	对工作精益求精，效果明显4分；对工作认真2分；其余不得分	4分			
核心技术 （40分）	知识点 （20分）	1. 了解图像分辨率、格式、色彩模式 2. 掌握文件的基本操作 3. 熟悉界面组成和面板的修改、环境的优化	根据在线课程完成情况得1~10分	10分			
			能根据思维导图形成对应知识结构	10分			
	技能点 （20分）	1. 熟练掌握界面组成和文件基本操作 2. 能转换图像格式、图像色彩模式和设置工作环境	课上快速、准确明确工作任务要求	10分			
			清晰、准确完成相关操作	10分			
任务完成情况 （40分）	按时保质保量完成工作任务 （40分）	按时提交	按时提交得10分；迟交得1~5分	10分			
		内容完成度	根据完成情况得1~10分	10分			
		内容准确度	根据准确程度得1~10分	10分			
		平面设计创意	视见解创意实际情况得1~10分	10分			
合计				100分			
总分【加权平均（自我评价20%，小组评价30%，教师评价50%）】							
小组组长签字			教师签字				

结合老师、同学的评价及自己在学习过程中的表现，总结自己在本工作领域的主要收获和不足，进行星级评定。

评价内容	主要收获与不足	星级评定
平面设计知识层面		☆ ☆ ☆ ☆ ☆
平面设计技能层面		☆ ☆ ☆ ☆ ☆
综合素质层面		☆ ☆ ☆ ☆ ☆

工作领域二

创建与编辑选区

选区就是选择区域。在 Photoshop 中，选区的创建和编辑是最重要的操作之一。在处理局部图像时，首先要指定编辑操作的有效区域及创建选区。建立选区后，可对选区内的图像进行操作，而选区外的区域不受任何影响。通过本工作领域学习，可以掌握选区的概念，并了解常用选择工具与抠图的方法，以便在具体使用时能够灵活选择方法，做到事半功倍。

【任务目标】

- 了解选区及常用选区工具。
- 掌握选区的创建、编辑、填充方法。
- 了解常用抠图方法。
- 要求学生熟练掌握各种选区工具的基本操作。
- 要求学生熟练运用选区完成图像的编辑。
- 通过完成任务，养成严谨、细致的操作习惯。

【任务导图】

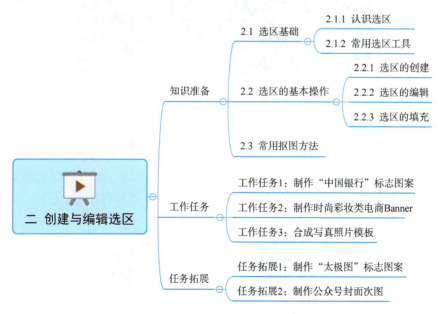

【知识准备】

2.1 选区基础

2.1.1 认识选区

在 Photoshop 中处理局部图像时，首先要指定编辑操作的有效区域，即创建选区。通过选择特定区域，可以对该区域进行编辑并保持，未选定区域不会被改动。如图 2-1 所示，图 2-1（a）所示为一张树叶照片，如果想改变树叶的颜色，就要通过选区将树叶选中，再进行颜色调整。如图 2-1（b）所示，被蚂蚁线（闪烁的虚线）包围的封闭区域就叫选区。选区可以将编辑限定在一定的区域内，这样就可以处理局部图像而不会影响其他内容了。如果没有创建选区，则会修改整张照片的颜色，如图 2-1（c）所示。

（a）　　　　　　　　（b）　　　　　　　　（c）

图 2-1　选区处理局部图像

选区还有一种用途，就是可以分离图像，例如，如果要为树叶换一个背景，就要用选区选中它，如图 2-2（a）所示，再将其从背景中分离出来，然后置入新的背景，如图 2-2（b）所示。

（a）　　　　　　　　　　　　（b）

图 2-2　用选区分离图像

Photoshop 中可以创建两种类型的选区：一种是普通选区，普通选区具有明确的边界，使用它选出的图像边界清晰、准确，如图 2-3（a）所示；另一种是羽化选区，羽化选区选出的图像，其边界会呈现逐渐透明的效果，如图 2-3（b）所示。羽化选区边缘看似比较模糊，但与其他图像合成时，能更好地过渡图像，使合成效果更加自然。

（a）　　　　　　　　　　　　（b）

图 2-3　选区类型

2.1.2　常用选区工具

1. 规则选区工具

1）矩形选框工具

选框工具是最基本的选取工具，利用选框工具选取的都是规则形状，分别为"矩形选框工具""椭圆选框工具""单行选框工具""单列选框工具"。选中"矩形选框工具"的默认模式，可以用鼠标选取新的选区范围。工具属性选项栏如图2-4所示。

图2-4　矩形选框工具属性选项栏

矩形选框工具：显示当前选中工具，可展开"工具预设"选取器。在窗口适当位置单击并按住鼠标左键向右下方拖动，可绘制选区，如图2-5（a）所示。

新选区：去除旧选区，绘制新选区；添加到选区：在原有选区上面增加选区；从选区减去：在原有选区上面减去新选区部分；与选区交叉：选择新旧选区重叠部分。

羽化：用于设定选区边界的羽化程度。

样式：用于设置选区的创建方法。选择"正常"，可拖动鼠标创建任意大小选区。选择"固定比例"，可在"宽度"和"高度"选项中输入数值，绘制固定比例选区，如要创建宽高比为2的选区，可在"宽度"和"高度"选项中分别输入2，1。选择"固定大小"，可在"宽度"和"高度"选项中输入具体像素数值，绘制固定大小选区。

2）椭圆选框工具

选中椭圆选框工具，拖动鼠标，可建立椭圆形选区，如图2-5（b）所示。椭圆选框工具的选项与矩形选框工具的选项基本一致，只是该工具多了"消除锯齿"功能。

消除锯齿：用于清除选区边缘锯齿。

3）单行选框工具和单列选框工具

单行选框工具和单列选框工具用于创建高度为1像素的行或宽度为1像素的列，在绘制平行线或表格时，可用这个工具选取并填色，如图2-5（c）所示。

（a）

（b）

（c）

图2-5　规则选区工具选区效果

2. 不规则选区工具

1）套索工具

套索工具是用于不规则形状的选取工具，有3种选项，分别为"套索工具""多边形套索工具"和"磁性套索工具"。选中"套索工具",可以用手绘的方式进行不规则曲线形状的选取。套索工具属性选项栏如图2-6所示。

图 2-6　套索工具属性选项栏

选中套索工具 ,拖动鼠标选取所需范围,绘制结束时,松开鼠标,选区自动闭合,形成确定选区,如图2-7(a)所示。

2)多边形套索工具

选中"多边形套索工具" ,可绘制由直线连接形成的不规则的多边形选区。此工具与套索工具不同之处在于,可以通过多次单击鼠标左键,确定连续的点来确定选区。绘制结束时,双击鼠标左键,选区自动封闭,形成选区,如图2-7(b)所示。

3)磁性套索工具

选中"磁性套索工具" ,可自动选择颜色相近的区域,此工具适用于在图像中选出边缘与背景颜色反差较大的不规则区域。单击"磁性套索工具"按钮,在起点处单击鼠标,并沿着待选图像区域边缘拖动,回到起点附近,当鼠标指针下方出现小圆圈时,单击或回车可形成闭合区域,如图2-7(c)所示。

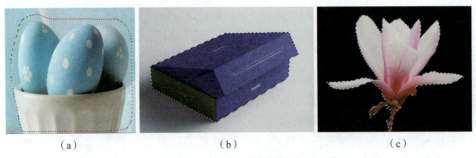

(a)　　　　　　　　　　　　(b)　　　　　　　　　　　　(c)

图 2-7　套索工具组选区效果

3. 智能化选区工具

1)快速选择工具

快速选择工具 可以选取图像中颜色相似的区域。选中该工具,用鼠标指针在图像中拖动,可将鼠标经过的颜色相近区域创建为选区,如图2-8(a)所示。

选区模式 :三个分别为"新选区""添加到选区""从选区减去",意义同前。

画笔选项 :单击下拉按钮,可在下拉面板中选择笔尖、设置大小、硬度、间距等参数。

自动增强:可减少选区边界的粗糙度和块效应。

2)魔棒工具

魔棒工具用于选择颜色相同或相近的区域,进行选取时,所有在允许值范围内的像素都会被选中。

选中魔棒工具 ,在图像中需要选择的颜色上单击鼠标左键,就会自动选取与该色彩类似的颜色区域，此时图像中所有包含该颜色的区域都将同时被选中，如图2-8（b）所示。

（a）　　　　　　　　　　　　（b）

图 2-8　智能选取工具组选区效果

取样大小：用来设置魔棒工具的取样范围。选择取样点，可对光标所在位置的像素进行取样，如选择"3×3平均"，可对光标所在位置3×3个像素区域内的平均颜色进行取样。其他选项的作用依此类推。

容差：决定什么样的像素能够与鼠标单击点的色调相似。在同一位置单击，容差值不同，所选区域也不同。该值越大，对像素相似程度的要求就越低，因此选择的颜色范围就越广。

连续：勾选该选项后，只选择颜色连接的区域；取消勾选时，可以选择与鼠标点击点颜色相近的所有区域，包括没有连接的区域。

对所有图层取样：如果文档中包含多个图层，勾选该项时，可选择所有可见图层上颜色相近的区域；取消勾选时，则仅选择当前图层颜色相近区域。

2.2　选区的基本操作

2.2.1　选区的创建

（1）创建规则选区时，按"Shift"键的同时拖动鼠标，可绘制正方形、圆形等选区。

（2）创建矩形、椭圆形选区时，按"Ctrl"键的同时拖动鼠标，可以鼠标点击起始点为圆心绘制选区。

2.2.2　选区的编辑

选区的基本操作包括全选与反选，取消选择与重新选择，复制、剪切、移动和变换选区，修改选区，存储和载入选区等。

1. 全选与反选

执行"选择"→"全部"菜单命令，或按"Ctrl+A"组合键，可以选择当前文档的全部图像。

如果需要复制整个图像，可执行该命令，再按"Ctrl+C"组合键拷贝图层。如果文档中包含多个图层，可按"Shift+Ctrl+C"组合键来合并拷贝。

创建选区之后，执行"选择"→"反选"菜单命令，或按"Shift+Ctrl+I"组合键，可以反选选区。例如，如果需要选择的对象背景比较简单，可以使用魔棒等工具选择背景，再执行"反选"命令反选选区，从而选中对象。

2. 取消选择与重新选择

创建选区以后，执行"选择"→"取消选择"菜单命令，或按"Ctrl+D"组合键，可以取消选择。如果要恢复被取消的选区，可以执行"选择"→"重新选择"菜单命令，或按"Shift+Ctrl+D"组合键。

3. 复制、剪切、移动和变换选区

1）复制

选择"编辑"→"复制"命令，将选区内的图像复制保留到剪贴板中，再选择"粘贴"命令，粘贴选区内的图像到目标位置，此时被操作的选区会自动取消，并生成新的图层。

选择"编辑"→"剪切"命令，剪切后的区域将不会存在，剪切图像被保留到剪贴板中。被剪切的区域将会使用背景色填充，再选择"粘贴"命令，粘贴选区内的图像到目标位置，并生成新的图层。

2）移动选区

使用"矩形选框工具"和"椭圆选框工具"创建选区时，在放开鼠标前，按住空格键拖动鼠标，可以移动选区。

创建选区以后，如果"新选区"按钮为按下状态，则使用选框、套索和魔棒工具时，只要将光标放在选框内，单击并拖动鼠标即可移动选区。

当按住 Ctrl 键或使用"移动工具"时拖曳选区时，可以对选区内的对象进行剪切。

选择"移动工具"，按住 Alt 键拖曳选区，可以对选区内的对象进行复制。

选择"移动工具"，同时按住"Shift+Alt"组合键拖曳选区，可以对选区内的对象进行水平、垂直或45°的复制。

3）变换选区

"变换选区"命令与对图像执行的"编辑"→"自由变换"菜单命令的使用方法和作用是相同的。创建好选区以后，执行"选择"→"变换选区"菜单命令或按"Alt+S+T"组合键，可以对选区进行移动、缩放、旋转、扭曲和翻转等操作。

4）修改选区

创建选区后，执行"选择"→"修改"→"平滑"菜单命令，打开"平滑选区"对话框，在"取样半径"中设置数值。

使用魔棒工具或"色彩范围"命令选择对象时，选区边缘往往较为生硬，可以使用"平滑"命令对选区边缘进行平滑处理。

创建选区以后，执行"选择"→"修改"→"扩展"菜单命令，打开"扩展选区"对话框，输入扩展量可以扩展选区范围。

执行"选择"→"修改"→"收缩"菜单命令，则可以收缩选区范围。

"羽化"命令用于对选区进行羽化。羽化是通过建立选区和选区周围像素之间的转换边界来模糊边缘的，这种模糊方式会丢失选区边缘的图像细节。

执行"选择"→"扩大选取"命令时，Photoshop 会查找并选择那些与当前选区中的像素色调相近的像素，从而扩大选择区域。但该命令只扩大到与原选区相连接的区域。

执行"选择"→"选取相似"菜单命令时，Photoshop 同样会查找并选择那些与当前选区中的像素色调相近的像素，从而扩大选择区域。但该命令可以查找整个文档，包括与原选区没有相邻的像素。

建立选区以后，往往要对其进行加工和编辑，才能使选区符合要求。"选择"菜单中包含用于编辑选区的各种命令。

在图像中创建选区，执行"选择"→"修改"→"边界"菜单命令，可以将选区的边界向内部和外部扩展，扩展后的边界与原来的边界形成新的选区。在"边界选区"对话框中，"宽度"用于设置选区扩展的像素值，例如，将该值设置为 30 像素时，原选区会分别向内和向外各扩展 15 像素。

5）存储和载入选区

用 Photoshop 处理图像时，有时需要将已经创建好的选区存储起来，以便在需要的时候通过载入选区的方式将其快速载入图像中继续使用。

创建好选区以后，执行"选择"→"存储选区"菜单命令，可以打开"存储选区"对话框，在该对话框中设置好所需参数后，单击"确定"按钮即可完成存储。或在"通道"面板中单击"将选区存储为通道"按钮，可以将选区存储为 Alpha 通道蒙版。

执行"选择"→"载入选区"菜单命令，可以打开"载入选区"对话框，在该对话框中设置好所需参数后，单击"确定"按钮，或在"通道"面板中按住 Ctrl 键，单击存储选区的通道蒙版缩略图，即可完成对选区的载入。

抠一些复杂的图像需要花费大量的时间，为避免因断电或其他原因造成劳动成果付诸东流，应及时保存选区，同时也为以后的使用和修改带来方便。

要存储选区，可单击"通道"面板底部的"将选区存储为通道"按钮，将选区保存在 Alpha 通道中。

按住 Ctrl 键单击通道缩览图，即可将选区载入图像中。此外，执行"选择"→"载入选区"菜单命令也可以载入选区。执行该命令时，会打开"载入选区"对话框，设置后可载入选区。

2.2.3　选区的填充

利用"填充"命令可以在当前图层或选区内填充颜色或图案，同时也可以设置填充时的不透明度和混合模式。执行"编辑"→"填充"菜单命令，或按"Shift+F5"组合键可以打开"填充"对话框。

内容：用于选择填充内容，包括前景色、背景色、颜色、内容识别，历史记录、黑色、50%，灰色白色。

混合：用于设置填充的模式和不透明度。

1. 填充颜色

（1）"填充"对话框中，内容项选择中的前景色、背景色、颜色三项可填充相应颜色。

（2）快捷键：按"Alt+Delete"组合键，用前景色填充选区或图层；按"Ctrl+Delete"组合键，用背景色填充选区或图层；按 Delete 键删除选区中的图像，露出背景色或下面的图像。

2. 填充图案

（1）打开一幅图像，选择"编辑"→"定义图案"命令，弹出"图案名称"对话框，给新定义图像输入名称后，单击"确定"按钮，即可完成"自定义图案"操作，如图 2-9 所示。

图 2-9　定义图案

（2）"填充"对话框中，将内容选项设为"图案"，在"自定图案"选项面板中选择新定义的图案，在"模式"中设置混合模式及透明度后，单击"确定"按钮，可填充相应图案，如图 2-10 所示。

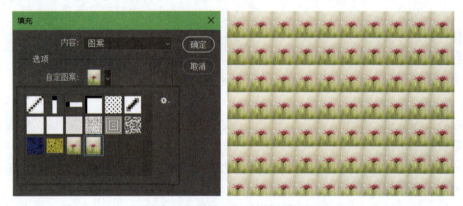

图 2-10　"填充"对话框及效果

3. 描边

利用"描边"对话框可实现选区的描边。执行"编辑"→"描边"菜单命令，可以打开"描边"对话框，如图 2-11 所示。

图 2-11　"描边"对话框

描边：设置描边的宽度和颜色。

位置：设置描边相对于边缘的位置，包括内部、居中、居外 3 个选项。

混合：用于设置描边的模式和不透明度。

选区描边效果如图 2-12 所示。

图 2-12　选区描边效果

2.3　常用抠图方法

选择对象之后，如果将它从背景中分离出来，整个操作过程便是"抠图"，抠图是进行图像合成的重要步骤。Photoshop CS6 提供了大量的选择工具和命令，以适合选择不同类型的对象。但很多复杂的图像，如人像、毛发等，需要多种工具配合才能抠出。下面介绍 Photoshop 中的选择工具和主要抠图方法。

1. 基本形状选择法

边缘为圆形、椭圆形和矩形的图像，可以用选框工具来选择，如图 2-13 所示，图 2-13（a）所示为使用"椭圆选框工具"选择的地球。对于转折点比较明显的对象，可以使用"多边形套索工具"来选择，如图 2-13（b）所示。图 2-13（c）所示背景颜色比较单一的图像，也可以使用"魔棒工具"进行选择。

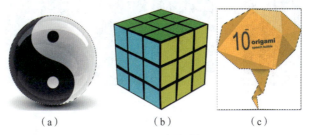

（a）　　　　　　　　（b）　　　　　　　　（c）

图 2-13　基本形状选择法

2. 色彩差异选择法

快速选择工具、魔棒工具、色彩范围命令、混合颜色带和磁性套索工具，都可以基于色调之间的差异建立选区。如果需要选择的对象与背景之间差异明显，可以使用以上工具来选取。图 2-14（a）为原图，图 2-14（b）是使用"色彩范围"命令和磁性套索工具抠出来的图像。

3. 钢笔工具选择法

Photoshop 中的"钢笔工具"是矢量工具，它可以绘制光滑的曲线路径。如果边缘光滑，并且呈现不规则形状，便可以使用"钢笔工具"勾选出对象的轮廓（图 2-15（a）），将轮廓转换为选区（图 2-15（b）），从而抠出对象（图 2-15（c））。

4. 蒙版工具选择法

创建选区后，单击工具箱中的"以快速蒙板模式编辑"按钮，进入快速蒙版状态，可

（a）　　　　　　　　　　（b）

图 2-14　色彩差异选择法

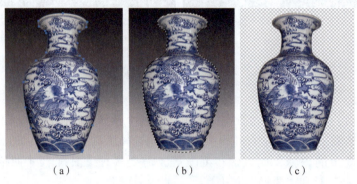

（a）　　　　　　（b）　　　　　　（c）

图 2-15　钢笔工具选择法

以将选区转换为蒙版图像，此时便可使用各种绘画工具和滤镜对选区进行细致加工，就像是
处理图像一样。图 2-16（a）所示为普通选区，图 2-16（b）所示为快速蒙版下的选区。

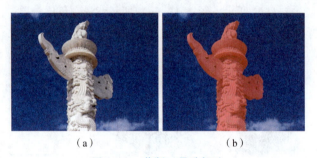

（a）　　　　　　　　　　（b）

图 2-16　蒙版工具选择法

5. 简单选区细化法

"调整边缘"是用于修改选区的命令，当创建的选区不够精准时，可以用它来进行调
整。该命令可以轻松选择毛发等细微的图像，还能消除选区边缘的背景色。图 2-17（a）所
示为原图，图 2-17（b）为使用"调整边缘"命令抠出小猫咪的精细毛发。

（a）　　　　　　　　　　（b）

图 2-17　简单选区细化法

6. 通道选择法

通道是最强大的抠图工具，它适合选择像毛发等细节丰富的对象，玻璃、烟雾、婚纱等透明的对象，以及被风吹动的旗帜、高速行驶的汽车等边缘模糊的对象。在通道中，可以使用滤镜、选区工具、混合模式等编辑选区。图 2-18（a）所示为原图，图 2-18（b）所示是使用通道抠出的植被。

（a）　　　　　　　　　　　（b）

图 2-18　通道选择法

【工作任务】

2.4　工作任务

2.4.1　工作任务1：制作"中国银行"标志图案

1. 任务展示

"中国银行"标志效果图如图 2-19 所示。

2. 任务分析

使用矩形选框工具、选区的运算及选区编辑修改等命令制作"中国银行"标志图案，最终效果如图 2-19 所示。

3. 任务要点

掌握"矩形选框工具"的使用方法。

掌握选区的运算及选区的编辑修改。

图 2-19　"中国银行"标志效果图

4. 任务实现

（1）新建文件，命名为"中国银行"标志，大小为 500×500 像素，分辨率为 72 ppi，颜色模式为 RGB，背景为白色。

（2）新建"图层 1"，使用"椭圆选框工具"，在拖动过程中按住 Shift 键绘制正圆（或在工具属性栏样式"固定大小"中直接输入宽和高，均为 400 像素，然后按住 Alt 键单击中心点），填充红色（R:255，G:0，B:0），并取消选择，如图 2-20（a）所示。

绘制"中国银行"标志图案

（3）新建"图层 2"，使用"椭圆选框工具"（或在工具属性栏样式"固定大小"中直接输入宽和高，均为 340 像素，然后按住 Alt 键单击中心点），填充白色（R:255，G:255，B:255），并取消选择，如图 2-20（b）所示。

（4）新建"图层 3"，使用"矩形选框工具"绘制固定大小为宽 30 像素、高 380 像素的矩形选区并填充红色（R:255，G:0，B:0），然后取消选择，如图 2-20（c）所示。

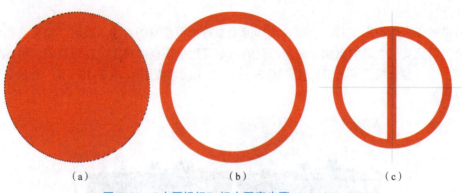

（a）　　　　　　　　（b）　　　　　　　　（c）

图 2-20　"中国银行"标志图案步骤（2）（3）（4）

（5）新建"图层 4"，使用"矩形选框工具"绘制固定大小为宽 200 像素、高 150 像素的矩形，并执行"选择"→"修改"→"平滑"命令，设置"取样半径"为 20 像素，并填充红色（R:255，G:0，B:0），再执行"选择"→"修改"→"收缩"命令，设置"收缩量"为 30 像素，删除被选区域内容并取消选择，如图 2-21 所示。

图 2-21　"中国银行"标志图案步骤（5）

（6）选择所有图层，设置垂直居中对齐和水平居中对齐，单击"图层 3"，绘制矩形区域，删除被选区域并取消选择。最后效果如图 2-22 所示，保存为"中国银行.psd"。

图 2-22　"中国银行"标志图案步骤（6）

2.4.2　工作任务 2：制作时尚彩妆类电商 Banner

1. 任务展示
时尚彩妆类电商 Banner 效果图如图 2-23 所示。

48

图 2-23　时尚彩妆类电商 Banner 效果图

2. 任务分析

使用矩形选框工具、多边形套索工具和魔棒工具抠出化妆品，使用"变换"命令调整图像大小，使用移动工具合成图像。

3. 任务要点

灵活使用不同的选择工具选择不同外形的图像。

熟练应用移动工具将其合成 Banner。

4. 任务实现

（1）按"Ctrl+O"组合键，打开本任务素材文件"01. jpg"和"02. jpg"。选择矩形选框工具，在 02 图像窗口中沿着化妆品盒边缘拖曳鼠标绘制选区，如图 2-24 所示。

图 2-24　时尚彩妆类电商 Banner 素材 02 图

（2）选择"移动"工具，将 02 图像窗口选区中的图像拖曳到 01 图像窗口中适当的位置，在"图层"控制面板中生成新图层并将其命名为"化妆品 1"，如图 2-25 所示。

图 2-25　时尚彩妆类电商 Banner 素材 01 图

（3）按"Ctrl+T"组合键，在图像周围出现变换框，将指针放在变换框的控制手柄外边，指针变为旋转图标，拖曳鼠标将图像旋转到适当的角度。按 Enter 键确定操作，效果如图 2-26 所示。

图 2-26　时尚彩妆类电商 Banner 变换素材图

（4）选择椭圆选框工具，在 02 图像窗口中沿着化妆品边缘拖曳鼠标绘制选区。选择"移动"工具，将 02 图像窗口选区中的图像拖曳到 01 图像窗口中适当的位置，如图 2-27 所示。在"图层"控制面板中生成新图层，并将其命名为"化妆品 2"。

图 2-27　时尚彩妆类电商 Banner 调整素材图

（5）选择多边形套索工具，在 02 图像窗口中沿着化妆品边缘拖曳鼠标绘制选区，如图 2-28 所示。选择"移动"工具，将 02 图像窗口选区中的图像拖曳到 01 图像窗口中适当的位置，在"图层"控制面板中生成新图层并将其命名为"化妆品 3"。

图 2-28　时尚彩妆类电商 Banner 多边形套索图

（6）按"Ctrl+O"组合键，打开本任务素材"03. jpg"文件，选择"魔棒"工具，在图像窗口中的背景区域单击，图像周围生成选区，如图 2-29 所示。按"Shift+Ctrl+I"组合键将选区反选。

（7）选择"移动"工具，将 03 图像窗口选区中的图像拖曳到 01 图像窗口中适当的位置，如图 2-30 所示，将新图层命名为"化妆品 4"。

图 2-29　时尚彩妆类电商 Banner 使用魔棒

图 2-30　时尚彩妆类电商 Banner 步骤（7）

（8）按"Ctrl+O"组合键，打开本任务素材文件"04.jpg"和"05.jpg"，选择"移动"工具，将图片分别拖曳到图像窗口中适当的位置，效果如图 2-31 所示，在"图层"控制面板中分别生成新图层，并将其命名为"云 1"和"云 2"。

图 2-31　时尚彩妆类电商 Banner 步骤（8）

（9）选中"云 1"图层，将其拖曳到"化妆品 1"图层下方，图像窗口中的效果如图 2-32 所示。时尚彩妆类电商 Banner 制作完成。

图 2-32　时尚彩妆类电商 Banner 完成效果

2.4.3 工作任务 3：合成写真照片模板

1. 任务展示

合成写真照片模板效果图如图 2-33 所示。

制作写真照片
模板

图 2-33 合成写真照片模板效果图

2. 任务分析

使用矩形选框工具和删除命令制作图像虚化融合，使用矩形选框工具、填充命令、移动工具和创建剪贴蒙版命令制作照片。

3. 任务要点

学习通过调整选区属性制作照片模板。

4. 任务实现

（1）按"Ctrl+O"组合键，打开本任务素材文件"01.jpg"和"02.jpg"，如图 2-34 所示。

图 2-34 制作写真照片模板素材 01、02

（2）选择"移动"工具，将 02 图片拖曳到 01 图像窗口中适当的位置，在"图层"控制面板中生成新图层并将其命名为"人物"。

（3）选择"矩形选框"工具，在属性栏中将"羽化"选项设为 60 像素。在图像窗口中绘制羽化的选区。按"Shift+Ctrl+I"组合键，将选区反选，如图 2-35 所示。

图 2-35　制作写真照片模板步骤（3）

（4）按 2 次 Delete 键，删除选区中的图像。按"Ctrl+D"组合键，取消选区，效果如图 2-36 所示。

图 2-36　制作写真照片模板步骤（4）

（5）打开"04.jpg"文件，选择"移动"工具，将其复制到 01 文件中，新建图层并将其命名为"矩形"，将前景色设为黑色。选择"矩形选择"工具，在属性栏中将"羽化"选项设为 0 像素。在图像窗口中绘制选区。按"Alt+Delete"组合键，用前景色填充选区。按"Ctrl+D"组合键，取消选区。效果如图 2-37 所示。

图 2-37　制作写真照片模板步骤（5）

（6）按"Ctrl+O"组合键，打开本任务素材文件"03.jpg"，选择"移动"工具，将 03 图片拖曳到 01 图像窗口中适当的位置，调整大小，效果如图 2-38 所示。

图 2-38　制作写真照片模板步骤（6）

（7）在"图层"控制面板中生成新图层并将其命名为"照片 1"。按"Alt+Ctrl+G"组合键，创建建贴蒙版。在"图层"控制面板中生成新图层并将其命名为"照片 2"。写真照片模板制作完成，如图 2-39 所示。

图 2-39　制作写真照片模板步骤（7）

【任务拓展】

2.5　任务拓展

2.5.1　任务拓展 1：制作"太极图"标志图案

1. 任务目的
- 掌握椭圆选区的使用方法。
- 掌握选区的填充、储存方法及载入选区的方法。

2. 任务内容
制作"太极图"标志图案。

太极图标志图案

3. 任务步骤

（1）新建文件，命名为"太极图"标志，大小为 500×500 像素，分辨率为 72 ppi，颜色模式为 RGB，背景为白色。

（2）新建"图层 1"，使用椭圆选框工具，在拖动过程中按住 Shift 键绘制正圆（或在工具属性栏样式"固定大小"中直接输入宽和高，均为 400 像素），填充黑色（R:0，G:0，B:0），并取消选择。使用"矩形选框工具"绘制大小合适的矩形，删除圆形的一半，并取消选择，如图 2-40（a）所示。

（3）新建"图层 2"，使用椭圆选框工具绘制宽和高均为 200 像素的黑色的小圆形，并将小圆的顶部与半圆的顶部垂直居中对齐。合并"图层 1"和"图层 2"，使用椭圆选框工具绘制宽和高均为 200 像素的选区，并将选区与图形底部垂直居中对齐，删除选区内容，取消选择，得到太极图的黑色基本型，如图 2-40（b）所示。

（4）复制黑色基本型图层"图层 1"，得到"图层 1 副本"，将黑色部分填充为白色，得到白色基本型，并将两部分位置调整好。

（5）新建图层，使用椭圆选框工具分别绘制一个黑色小正圆和一个白色小正圆，并调整好位置，如图 2-41 所示。

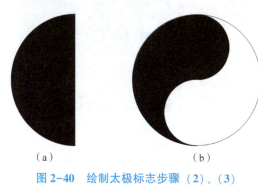

图 2-40 绘制太极标志步骤（2）、（3）

图 2-41 绘制太极标志步骤（5）

（6）保存为"太极图.psd"。

2.5.2 任务拓展 2：制作公众号封面次图

1. 任务目的

练习矩形选框工具、定义图案命令和填充命令的使用，利用移动工具添加相关素材。

2. 任务内容

使用矩形选框工具、定义图案命令和填充命令设计背景图案，利用移动工具添加踏板车和文字。

制作公众号
封面图

3. 任务步骤

（1）按"Ctrl+N"组合键，新建文件，命名为"公众号封面次图效果"，图像宽度、高度均设置为 200 像素，分辨率为 72 ppi，颜色模式为 RGB，背景内容为白色，单击"创建"按钮，完成文件创建。

（2）打开素材文件中的"01. jpg"，选中后复制到"公众号封面次图效果"文件。

（3）打开素材文件中的"02. png"，选中图层1的图形，选择"编辑"→"定义图案"命令，弹出"图案名称"对话框，输入名称"图案1"后，单击"确定"按钮，如图2-42所示。

图 2-42　制作公众号封面次图步骤（3）

（4）在"公众号封面次图效果"文件中新建图层，命名为"底图"。选择"编辑"→"填充"命令，弹出"填充"对话框。在"填充"对话框中，内容项选择"图案"，将内容选项设为"图案1"，在"模式"中设置混合模式为"正常"，不透明度为"100%"，单击"确定"按钮，可填充相应图案。在图层面板中，将图层"底图"的混合模式选择"柔光"，如图2-43所示。

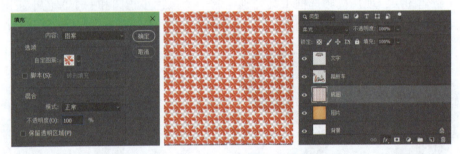

图 2-43　制作公众号封面次图步骤（4）

（5）在"公众号封面次图效果"文件中新建图层，命名为"脚踏车"，将素材文件"03. png"中的脚踏车选中，按"Ctrl+C"组合键，在"公众号封面次图效果"文件中，选中图层"脚踏车"，按"Ctrl+V"组合键，将脚踏车图案合成到文件中，如图2-44所示。

图 2-44　制作公众号封面次图步骤（5）

（6）在"公众号封面次图效果"文件中新建图层，命名为"文字"，将素材文件"04. png"中的文字选中，按"Ctrl+C"组合键，在"公众号封面次图效果"文件中，选中图层"文字"，按"Ctrl+V"组合键，将"文字"图案合成到文件中，用选择工具移动到合适位置，如图2-45所示。本案例完成。

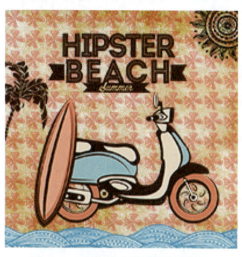

图 2-45　制作公众号封面次图效果

【任务总结】

通过本工作领域的完成，了解了常用选区工具的使用及常用的抠图方法，掌握并练习了选区的创建、编辑、填充等基本操作技能，为熟练运用选区完成图像的编辑打下了基础。在任务完成的过程中，请同学们注意养成严谨、细致的操作习惯，工匠精神的价值在于精益求精，对每一个细节的精准把握、对精品的坚持和追求，都映照着沉潜专注背后的钻劲和匠心。

【任务评价】

根据下表评分要求和准则，结合学习过程中的表现开展自我评价、小组评价、教师评价，以上三项加权平均计算出最后得分。

考核项	项目要求		评分准则	配分	自评	互评	师评
基本素养（20分）	学习态度（8分）	按时上课，不早退	缺勤全扣，迟到早退一次扣2分	2分			
		积极思考、回答问题	根据上课统计情况得1~4分	4分			
		执行课堂任务	此为否定项，违反酌情扣10~100分	0分			
		学习用品准备	自己主动准备好学习用品并齐全	2分			
	职业道德（12分）	主动与人合作	主动合作4分，被动合作2分	4分			
		主动帮助同学	能主动帮助同学4分，被动2分	4分			
		严谨、细致	对工作精益求精，效果明显4分；对工作认真2分；其余不得分	4分			
核心技术（40分）	知识点（20分）	1. 选区及常用选区工具及其使用方法 2. 选区的创建、编辑、填充方法 3. 常用抠图方法	根据在线课程完成情况得1~10分	10分			
			能根据思维导图形成对应知识结构	10分			
	技能点（20分）	1. 熟练掌握各种选区工具的基本操作 2. 熟练运用选区完成图像的编辑	课上快速、准确明确工作任务要求	10分			
			清晰、准确完成相关操作	10分			
任务完成情况（40分）	按时保质保量完成工作任务（40分）	按时提交	按时提交得10分；迟交得1~5分	10分			
		内容完成度	根据完成情况得1~10分	10分			
		内容准确度	根据准确程度得1~10分	10分			
		平面设计创意	视见解创意实际情况得1~10分	10分			
合计				100分			
总分【加权平均（自我评价20%，小组评价30%，教师评价50%）】							
小组组长签字			教师签字				

结合老师、同学的评价及自己在学习过程中的表现，总结自己在本工作领域的主要收获和不足，进行星级评定。

评价内容	主要收获与不足	星级评定
平面设计知识层面		☆ ☆ ☆ ☆ ☆
平面设计技能层面		☆ ☆ ☆ ☆ ☆
综合素质层面		☆ ☆ ☆ ☆ ☆

工作领域三

图层及其应用

图层是 Photoshop 的核心功能，承载了几乎所有 Photoshop 的操作，相当于绘画的画纸。本工作领域主要介绍图层的基础应用知识及应用技巧，也深入讲解图层的调整方法和混合模式、图层样式、智能对象等。图层样式、混合模式、蒙版、滤镜、文字和调色命令等都依托于图层而存在。

通过学习本工作领域知识，可以了解图层的基本应用知识及应用技巧，以及基本调整方法和混合模式、图层样式等高级应用知识。通过本工作领域的学习，可以应用图层知识制作出多变的图像效果，可以对图像快速添加样式效果。

【任务目标】

掌握图层的创建和基本操作。

掌握图层混合模式的使用方法。

熟练掌握图层样式的添加技巧。

熟练掌握填充和调整图层的应用方法。

了解图层复合、盖印图层、对齐和分布。

通过完成任务，养成严谨、细致的操作习惯。

【任务导图】

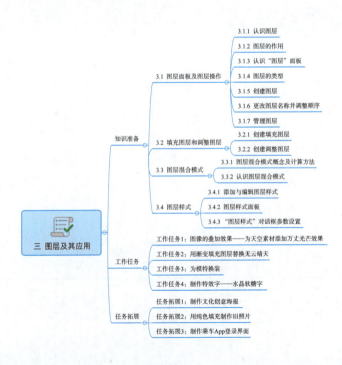

【知识准备】

3.1　图层面板及图层操作

Photoshop CC 中，几乎所有的高级图像处理都需要使用到图层。图层是 Photoshop 的核心功能，承载了几乎所有 Photoshop 的操作，相当于绘画的画纸。

3.1.1　认识图层

在 Photoshop 中，一张精美的设计作品可以由多个图层中的设计元素叠加组合而成。单个图层中的设计元素可以是文本、图形、图像等。可以对单个图层进行编辑而不影响到其他图层的元素。

通俗地讲，图层就像是含有文字或图形等元素的透明纸，按上下叠加的方式组合起来形成页面的最终效果。从图像合成的角度来看，图层就如同一张张堆叠在一起的透明纸。每一张纸（图层）上都保存着各自的图像，可以透过上面的透明区域看到下面图层中的图像，如图 3-1 所示。

图 3-1　认识图层

3.1.2　图层的作用

图层可以排列和定位图像中的元素，有利于制作出丰富多彩的图像效果。在图层中，可以分别保存不同的图像，也可以加入文本、图片、表格等内容，还可以在图层上嵌套图层。在图像文件中，透过上方图层的透明区域可以看到下方图层中的图像，如图 3-2 图像效果和"图层"面板所示，各个图层中的对象都可以单独处理，而不会影响其他图层中的内容。图层可以移动，也可以调整堆叠顺序。

除"背景"图层外，其他图层都可以通过调整不透明度让图像变得透明；修改混合模式，可以让上下层之间的图像产生特殊的混合效果，如图 3-3 所示。不透明度和混合模式可以反复调节，不会对图像有任何损伤。

3.1.3　认识"图层"面板

如图 3-4 所示，"图层"面板用于创作、编辑和管理图层，以及为图层添加样式。面板中列出了文档中包含的所有图层、图层组和图层效果。

图 3-2　图层作用

图 3-3　图层混合效果

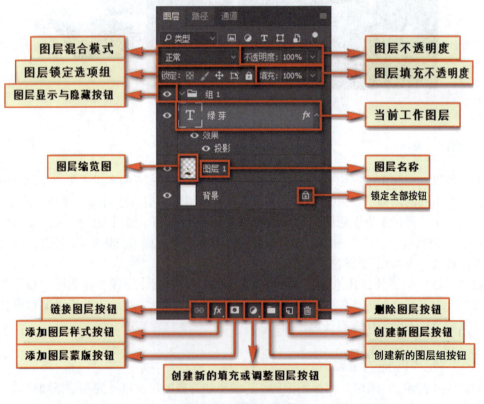

图 3-4　"图层"面板

面板常用命令介绍如下：

（1）"图层调板菜单"按钮▤：单击此按钮，可弹出"图层"面板的下拉菜单。

（2）"图层混合模式"下拉列表框 正常 ⌄：用于设置当前图层中的图像与下面图层中的图像以何种模式进行混合。

（3）"不透明度"：用于设置当前图层中图像的不透明程度，数值越小，图像越透明；数值越大，图像越不透明。

（4）"锁定透明像素"按钮▣：单击此按钮，可使当前层中的透明区域保持透明。

（5）"锁定图像像素"按钮✐：单击此按钮，在当前图层中不能进行图形绘制以及其他命令操作。

（6）"锁定位置"按钮✛：单击此按钮，可以将当前图层中的图像锁定而不被移动。

（7）"防止在画板内外自动嵌套"按钮▤：单击此按钮，当使用移动工具将画板内的图层或图层组移出画板边缘时，被移动的图层或图层组不会脱离画板。

（8）"锁定全部"按钮🔒：单击此按钮，在当前层中不能进行任何编辑修改操作。

（9）"填充"：用于设置图层中图形填充颜色的不透明度。

（10）"显示/隐藏图层"图标👁：👁 表示此图层处于可见状态。单击此图标，图标中的眼睛将被隐藏，表示此图层处于不可见状态。

（11）图层缩览图：用于显示该图层的缩略图，它随着该图层中图像的变化而随时更新，以便用户在进行图像处理时参考。

（12）图层名称：显示各图层的名称。

在"图层"面板底部有7个按钮，作用如下：

（1）"链接图层"按钮🔗：通过链接两个或多个图层，可以一起移动链接图层中的内容，也可以对链接图层执行对齐与分布以及合并图层等操作。

（2）"添加图层样式"按钮 *fx*,：可以对当前图层中的图像添加各种样式效果。

（3）"添加图层蒙版"按钮▣：可以给当前图层添加蒙版。如果先在图像中创建适当的选区，再单击此按钮，可以根据选区范围在当前图层上建立适当的图层蒙版。

（4）"创建新的填充或调整图层"按钮◕：可在当前图层上添加一个调整图层，对当前图层下边的图层进行色调、明暗等颜色效果调整。

（5）"创建新的图层组"按钮▢：可以在"图层"面板中创建一个图层组。图层组类似于文件夹，用于图层的管理和查询，在移动或复制图层时，图层组里面的内容可以同时被移动或复制。

（6）"创建新图层"按钮▢：可在当前图层上创建新图层。

（7）"删除图层"按钮🗑：可将当前图层删除。

3.1.4　图层的类型

图层中可以包含多个元素，其类型也很多，增加或删除任意图层都可能影响到整个图像效果。常见的几种图层类型如图3-5所示。

图 3-5　常见的几种图层类型

1. 背景层

相当于绘画中最下方不透明的纸。在 Photoshop 中，一个图像文件中只有一个背景图层，它可以与普通图层进行相互转换，但无法交换堆叠次序。如果当前图层为背景图层，执行"图层"→"新建"→"背景图层"命令，或在"图层"面板的背景图层上双击，便可以将背景图层转换为普通图层。

2. 普通层

相当于一张完全透明的纸，是 Photoshop 中最基本的图层类型。单击"图层"面板底部的"创建新图层"按钮，或执行"图层"→"新建"→"图层"命令，即可在"图层"面板中新建一个普通图层。

3. 文本层

在文件中创建文字后，"图层"面板中会自动生成文本层，其缩览图显示为 T 图标。当对输入的文字进行变形后，文本图层将显示为变形文本图层，其缩览图显示为 工 图标。

4. 形状层

使用工具箱中的矢量图形工具在文件中创建图形后，"图层"面板中会自动生成形状图层。当执行"图层"→"栅格化"→"形状"命令后，形状图层将被转换为普通图层。

5. 效果层

为普通图层应用图层效果（如阴影、投影、发光、斜面、浮雕以及描边等）后，可快速创建特殊效果。右侧会出现一个 fx（效果层）图标，此时，这一图层就是效果图层。注意，背景图层不能转换为效果图层。单击"图层"面板底部的"添加图层样式"按钮，在弹出的菜单命令中选择任意一个选项，即可创建效果图层。

6. 填充层和调整层

填充层和调整层是用来控制图像颜色、色调、亮度和饱和度等的辅助图层。填充层用于填充纯色、渐变和图案等，以创建具有特殊效果的图层。调整层用于调整图像的颜色和色调等，但并不会对图层中的像素有实际影响，且允许反复调整参数。单击"图层"面板底部的"创建新的填充或调整图层"按钮，在弹出的菜单命令中选择任意一个选项，即可创建填充图层或调整图层。

7. 蒙版层

蒙版层是加在普通图层上的一个遮盖层，通过创建图层蒙版来隐藏或显示图像中的部分或全部。在图像中，图层蒙版中颜色的变化会使其所在图层的相应位置产生透明效果。其中，该图层中与蒙版的白色部分相对应的图像不产生透明效果，与蒙版的黑色部分相对应的图像完全透明，与蒙版的灰色部分相对应的图像根据其灰度产生相应程度的透明效果。

3.1.5 创建图层

1. 在图层面板中创建图层

单击"图层"面板中的"创建新图层"按钮，即可在当前图层上面新建一个图层。默认新建图层是在上方，如果需要新建在下方，可以按住"Ctrl"键创建新图层。

如图 3-6 所示，在"图层"面板中选中需要复制的图层，按住鼠标左键不放，将其拖动到面板底部的"创建新图层"按钮上，待鼠标光标变成手的形状时释放鼠标，即可复制一个该图层的副本到原图层的上方。

图 3-6　新建图层

2. 用新建命令创建图层

可以执行"图层"→"新建"→"图层"菜单命令，或按住"Alt"键单击"创建新图层"按钮，打开"新建图层"对话框进行设置，如图 3-7 所示。

图 3-7　"新建图层"对话框

3. 用"通过拷贝的图层"命令创建图层

在图像中创建选区后，执行"图层"→"新建"→"通过拷贝的图层"菜单命令，或按"Ctrl+J"组合键，可以将选中的图像复制到一个新的图层中，如图3-8所示。

4. 用"通过剪切的图层"命令创建图层

执行"图层"→"新建"→"通过剪切的图层"菜单命令，或按"Shift+Ctrl+J"组合键，可将选区内的图像从原图层中剪切到一个新的图层，如图3-9所示。

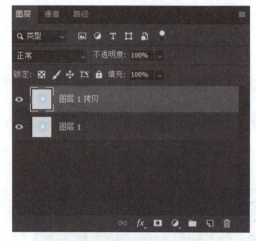

图3-8 通过复制图层新建   图3-9 通过剪贴图层新建

5. 创建背景图层

如图3-10所示，"图层"面板最下面的图层便是"背景"图层，如果使用透明作为背景内容，没有"背景"图层，只有透明背景的普通图层。

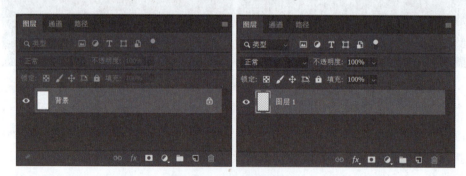

图3-10 创建背景图层

3.1.6 更改图层名称并调整顺序

1. 选择图层

要选择连续的多个图层，可以按下"Shift"键；要选择不连续的图层，可以按下"Ctrl"键；要单独查看某个图层，可以按下"Alt"键和显示/隐藏图标 。

2. 更改姓名

在"图层"面板的"图层2"上双击图层名称，使其呈可编辑状态，输入文本，更改图层名称，按"Enter"键确认。

3. 调整顺序排列图层

改变图层的排列顺序即为改变图层的堆叠顺序。在"图层"调板中上下拖动图层，可调整图层的相对位置。选择菜单"图层"中的"排列"命令，打开其子菜单，图层向上移动一层可以应用"Ctrl+]"组合键；向下移动一层是"Ctrl+["组合键。将一个图层置为顶层可以用"Ctrl+Shift+]"组合键；置为底层可以用"Ctrl+Shift+["组合键，如图3-11所示。

在"图层"面板中选择"图层1"图层，拖动鼠标，在鼠标指针所到位置会出现一条阴影线，拖动到最上层后释放鼠标左键，可将"图层1"图像移动到图层最上面，如图3-12所示。

图3-11　图层排列顺序

图3-12　图层顺序排列示意图

3.1.7　管理图层

1. 合并图层

在"图层"面板中选择两个以上要合并的图层，选择"图层"→"合并图层"菜单命令或按"Ctrl+E"组合键。

选择"图层"→"合并可见图层"菜单命令，或按"Shift+Ctrl+E"组合键，可将"图层"面板中所有可见图层进行合并，不合并隐藏的图层。

选择"图层"→"拼合图像"菜单命令，合并"图层"面板中的所有可见图层，弹出对话框询问是否丢弃隐藏的图层，并以白色填充所有透明区域。

2. 盖印图层

向下盖印：选择一个图层，按"Ctrl+Alt+E"组合键，可将该图层盖印到下面的图层中，原图层保持不变。

盖印多个图层：选择多个图层，按"Ctrl+Alt+E"组合键，可将它们盖印到一个新的图层中，原图层中的内容保持不变。

盖印可见图层：按"Shift+Ctrl+Alt+E"组合键，可将所有可见图层中的图像盖印到一个新的图层中，原图层保持不变。

盖印图层组：选择图层组，按"Ctrl+Alt+E"组合键，可将图中的所有图层内容盖印到一个新的图层中，原图层组保持不变。

3. 对齐和分布图层

1）对齐图层

按住 Ctrl 键并单击需要对齐的图层，将它们选中，在"图层"面板中选择多个图层，然后选择"图层"→"对齐"菜单命令，在其子菜单中选择"对齐"菜单命令进行对齐，对齐的功能包括左边对齐、右边对齐、顶边对齐、垂直居中对齐、底边对齐等多种对齐方式，如图 3-13 所示。

对齐(I) ▶		顶边(T)
分布(T) ▶		垂直居中(V)
		底边(B)
锁定图层(L)... Ctrl+/		
		左边(L)
链接图层(K)		水平居中(H)
选择链接图层(S)		右边(R)

图 3-13　图层对齐面板

2）分布图层

分布的意思就是将图层对象进行等距离的排列。分布方式包括按顶边分布、底边分布、左边分布、水平居中分布和右边分布等。选择 3 个或更多的图层以后，选择"图层"→"分布"菜单命令，在其子菜单中选择相应的分布菜单命令，如图 3-14 所示。

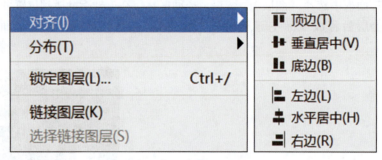

分布前　　　　　　　水平居中分布　　　　垂直居中分布

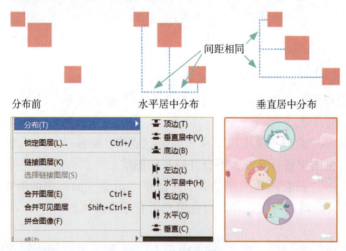

图 3-14　图层分布

3）用移动工具进行对齐和分布

选择移动工具，它的工具选项栏中会显示一排按钮，单击其中的按钮，便可进行对齐和分布操作，如图 3-15 所示。

图 3-15 移动工具属性栏的对齐和分布按钮

4）基于选区对齐图层

在画面中创建选区后，选择一个包含图像的图层，选择"图层"→"将图层与选区对齐"菜单命令，在其子菜单中选择相应的对齐命令，可基于选区对齐所选图层。

4. 改变图层的不透明度和栅格化图层内容

单击"图层"调板中要改变不透明度的图层，选中该图层。单击"图层"调板中"不透明度"带滑块的文本框中部，输入不透明度数值，也可以单击黑色箭头按钮，拖动滑块调整不透明度数值，如图 3-16 所示。

（a） （b）

图 3-16 改变图层不透明

（a）不透明度 100%；（b）不透明度 60%

通过"图层"面板中的"不透明度"和"填充"选项，可以控制图层的不透明度，从而使图像产生透明或半透明效果。选择"窗口"→"图层"菜单命令，打开"图层"面板，选择需设置不透明度的图层，在"图层"面板中的"不透明度"文本框中输入相应的数值，如图 3-17（a）所示。

要使用绘画工具编辑文字图层、形状图层、矢量蒙版或智能对象等包含矢量数据的图层，需要先将其转换为位图，然后才能进行编辑，转换为位图的操作即为栅格化。选择需要栅格化的图层，选择"图层"→"栅格化"菜单命令，在其子菜单中可选择栅格化图层内容，如图 3-17（b）所示。

5. 删除图层

将图层拖入图层面板下面的"垃圾桶"图标 🗑 上或者按下"Delete"键删除图层。

6. 链接图层

选择好图层后单击右键，选择"链接"，或者选择菜单栏"图层"→"链接图层"，或者在图层面板下面单击"链接图层"按钮 🔗，可以将目标图层和当前层进行链接。用移动工具移动的时候，就可以几个图层相对位置保持不变一起移动。按住"Ctrl"键的同时单击想要链接的图层，执行"图层"→"链接图层"命令，这时会出现标志，表示图层已经被链接到一起，如图 3-18 所示。

（a）　　　　　　　　　　（b）

图 3-17　不透明度、栅格化图层面板

7. 图层组

在 Photoshop 中提供了很多种不同类型的图层，并提供了"图层组"的概念，利用图层组管理图层。可以将图层组理解为一个装有图层的器皿，它和文件夹的概念类似，因而可以建立不同的图层组来装载不同类型的图层，如图 3-18 所示。

图 3-18　链接图层和图层组

8. 隐藏图层

当不需要显示图层中的图像时，可以隐藏图层。当图层前方出现 ◉ 图标时，该图层为可见图层。单击该图标，此时该图标将变为 ■，表示该图层不可见；再次单击按钮，可显示图层，如图 3-19 所示。

9. 创建智能对象图层

智能对象图层是可以保护栅格或者矢量图像原始数据的图层。智能对象和普通图层不同，它保留图像的源内容及其所有原始特性。

图 3-19　隐藏图层

1）智能对象的优势

● 将多个图层内容创建为一个智能对象后，可减少"图层"面板中的图层结构。

● 智能对象是一种非破坏性的编辑功能，使用该功能处理图像时，不会直接应用到对象的源数据。智能对象可进行非破坏性变换，如旋转、按比例缩放对象等。

● 应用于智能对象的滤镜都是智能滤镜，可随时更改滤镜参数，并且不会对原图像造成任何破坏。

2）创建智能对象的主要方式

（1）转换为智能对象：选择"图层"→"智能对象"→"转换为智能对象"命令，可将选择的图层创建为智能对象，如图 3-20 所示。

图 3-20　智能对象图层的创建

（2）打开为智能对象：选择"文件"→"打开为智能对象"命令，可选择一个文件作为智能对象打开。

（3）使用置入文件创建：选择"文件"→"置入"命令，可选择一个文件置入图像中作为智能对象。

在 Photoshop CC 中，不仅可以将智能对象添加到文件中，还能将文件中的智能对象作为文件导出，方便在其他作品的编辑中使用。导出智能对象的方法是：在"图层"面板中选择智能对象，选择"图层"→"智能对象"→"导出内容"命令，即可将智能对象以原始的置入格式导出。

3.2 填充图层和调整图层

在 Photoshop 中，图像色彩与色调的调整方式有两种：一种方式是执行"图像"→"调整"下拉菜单中的命令，这种方式会直接修改所选图层的像素信息；另一种方式是执行"图层"→"新建填充图层"命令或者在图层面板上新建填充和调整图层 来操作，如图 3-21 所示。

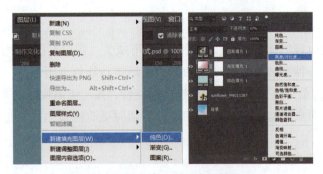

图 3-21　新建填充图层或调整图层

3.2.1 创建填充图层

使用填充图层可为图层添加不同的填充效果，如纯色、渐变和图案填充等，分别可以为图层叠加一种颜色、渐变或图案效果，其中，渐变和图案可以使用预设的样式，也可以使用自定义的样式。结合使用图层混合模式，可以修改其他图像的色彩。选择"图层"→"新建填充图层"菜单命令，在其子菜单中可选择一种填充图层。图 3-22 是应用三种填充方式得到的图像效果。

（a）　　　　　　　　（b）　　　　　　　　（c）

图 3-22　纯色填充（a）、渐变填充（b）、图案填充（c）

　　例如渐变填充，用一种渐变色填充图层，并带有一个图层蒙版。打开"渐变填充"对话框，在该对话框设置角度、渐变颜色等，单击"渐变"选项右侧的渐变色条，打开"渐变编辑器"调整颜色，再单击"确定"按钮关闭对话框，创建渐变填充图层，选区会转换到填充图层的蒙版中，如图3-23所示。

图 3-23　渐变填充

3.2.2　创建调整图层

　　调整图层是一种重要又特殊的图层，它是 Photoshop 中用于调整图像色彩色调的图层，使用时，调整图层以下的图层都将受到影响，但各图层本身的像素并未改变。在"图层"面板底部单击"创建新的填充或调整图层"按钮◐，在弹出的下拉列表中即可选择调整图层，如图3-24所示。

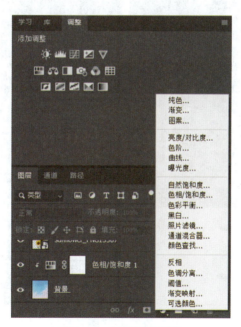

图 3-24　调整图层列表

　　图3-25（a）为原图，图3-25（b）为调整图层面板，图3-25（c）为在图像上应用"色相/饱和度"命令调整的效果。

（a）　　　　　　　　　（b）　　　　　　　　　（c）

图 3-25　色相/饱和度调整图层效果

　　单击"图层"面板底部的"创建新的填充或调整图层"按钮，在弹出的下拉列表中选择"曲线"命令，进入"属性"面板，在曲线中增加节点，拖动节点调整曲线，增加图像亮部区域，再降低图像暗部区域，增强对比度。调整好曲线后，"图层"面板中自动生成一个调整图层，如图 3-26 所示。

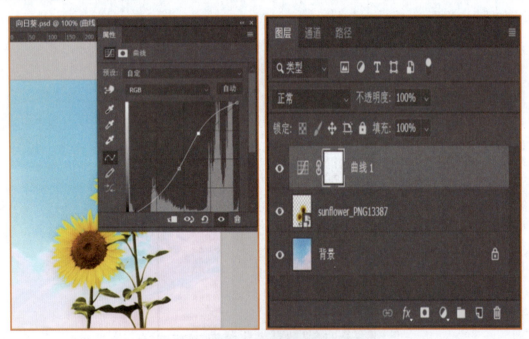

图 3-26　曲线调整图层

　　单击"图像"→"调整"，会直接修改所选图层的像素信息，而调整图层可以达到同样的调整效果，但不会修改像素。不仅如此，只要隐藏或删除调整图层，便可以使图像恢复为原来的状态。

3.3 图层混合模式

3.3.1 图层混合模式概念及计算方法

图层混合模式是使上层图层和下方图层的内容进行混合，创作出不同的特效。通常情况下，上层的像素会覆盖下层的像素。Photoshop CC 提供了 20 多种图层混合模式，不同的图层混合模式可以产生不同的效果，"图层混合模式"应用得很广。

图层混合模式里的选项将会受到图像的色彩模式的影响，Lab 颜色模式下的图层混合选项列表中，"变暗""颜色加深"等很多混合模式都是不可用的。如果选择其他的颜色模式，图层混合选项列表里的选项还会改变。如图 3-27 所示，图层混合模式计算主要用到了图像的下面三个因素。

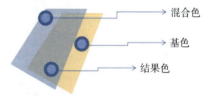

图 3-27 图层混合模式计算的三个因素

（1）"基色"："基色"是图像中的原稿颜色，也就是要用混合模式选项时，两个图层中下面的那个图层。

（2）"混合色"："混合色"是通过绘画或编辑工具应用的颜色，也就是要用混合模式命令时，两个图层中上面的那个图层。

（3）"结果色"："结果色"其实就是混合模式后得到的颜色，也是最后的效果颜色。

图层混合，就是将"基色"和"混合色"应用图层混合模式计算生成"结果色"。

3.3.2 认识图层混合模式

想要设置图层的混合模式，需要在"图层"面板中进行操作。将文档中存在的两个或者两个以上的图层进行设置（只有一个图层时，设置混合模式是没有效果的），如图 3-28 所示。

Photoshop CC 中的图层混合模式分为 6 组，共 27 种，每组混合模式都可产生相似或相近的效果。打开"图层"面板，在"图层的混合模式"下拉列表框中可以查看所有的图层混合模式。

组合模式组：

（1）正常：该选项可以使上方图层完全遮住下方图层，如图 3-29（a）所示。

（2）溶解：如果上方图层具有透明像素或者边缘，选择该项，则可以创建像素点状效果，如图 3-29（b）所示。

变暗模式组（去白留黑）：

（1）变暗：两个图层中较暗的颜色将作为混合的颜色保留，比混合色亮的像素将被替换，而比混合色暗的像素保持不变，如图 3-30（a）所示。

（2）正片叠底：整体效果显示由上方图层和下方图层的像素值中较暗的像素合成的图像效果，任意颜色与黑色重叠时将产生黑色，任意颜色和白色重叠时颜色将保持不变。如图 3-30（b）所示。

（3）颜色加深：选择该项将降低上方图层中除黑色外的其他区域的对比度，使图像的

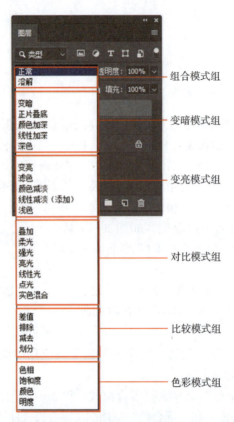

图 3-28　图层混合模式类型

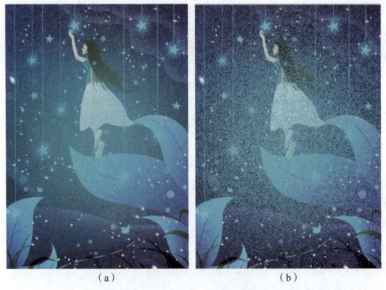

（a）　　　　　　　　　　　（b）

图 3-29　正常模式（a）和溶解模式（b）

对比度下降，产生下方图层透过上方图层的投影效果，如图 3-31（a）所示。

（4）线性加深：该模式将降低亮度像素，使像素变暗，其颜色比"正片叠底"模式丰富，如图 3-31（b）所示。

图 3-30　变暗模式（a）和正片叠底模式（b）

（5）深色：根据上方图层图像的饱和度，用上方图层颜色直接覆盖下方图层中的暗调域颜色，如图 3-31（c）所示。

图 3-31　颜色加深模式（a）、线性加深模式（b）和深色模式（c）

变亮模式组（去黑留白）：

（1）变亮：使上方图层的暗调区域变为透明，通过下方的较亮区域使图像更亮，如图 3-32（a）所示。

（2）滤色：该项与"正片叠底"的效果相反，在整体效果上显示由上方图层和下方图层的像素值中较亮的像素合成的效果，得到的图像是一种漂白图像中颜色的效果，如图 3-32（b）所示。

图 3-32　变亮模式（a）、滤色模式（b）

（3）颜色减淡：和"颜色加深"效果相反，"颜色减淡"是由上方图层根据下方图层灰阶程度提升亮度，然后再与下方图层融合。此模式通常用来创建光源中心点极亮的效果。如图 3-33（a）所示。

（4）线性减淡：根据每一个颜色通道的颜色信息，加亮所有通道的基色，并通过降低其他颜色的亮度来反映混合颜色。此模式对黑色无效。如图 3-33（b）所示。

（5）浅色：与"深色"的效果相反，此项可根据图像的饱和度，用上方图层中的颜色直接覆盖下方图层中的高光区域颜色。如图 3-33（c）所示。

（a）　　　　　　　　（b）　　　　　　　　（c）

图 3-33　颜色减淡（a）、线性减淡（b）和浅色（c）

对比模式组：

（1）叠加：此项的图像最终效果取决于下方图层。上方图层的高光区域和暗调将不变，只是混合了中间调，有去灰增强对比的作用。图 3-34 所示是图层应用叠加一次和两次的效果。

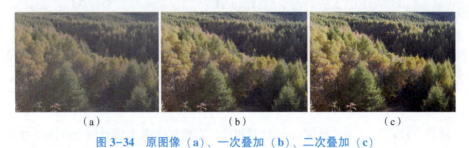

（a）　　　　　　　　（b）　　　　　　　　（c）

图 3-34　原图像（a）、一次叠加（b）、二次叠加（c）

（2）柔光：该模式通过上层图层来决定图像变亮或变暗效果。让图像具有非常柔和的效果，亮于中性灰底的区域将更亮，暗于中性灰底的区域将更暗。如图 3-35（a）所示。

（3）强光：此项和"柔光"的效果类似，但其程度远远大于"柔光"效果，适用于图像增加强光照射效果。如图 3-35（b）所示。

（4）亮光：根据融合颜色的灰度减少比对度，可以使图像更亮或更暗，如图 3-35（c）所示。

（5）线性光：根据图像颜色的灰度，来减少或增加图像亮度，使图像更亮。如图 3-36（a）所示。

（6）点光：如果混合色比 50% 灰度色亮，则将替换混合色暗的像素，而不改变混合色亮的像素；反之，如果混合色比 50% 灰度色暗，则将替换混合色亮的像素，而不改变混合色暗的像素。如图 3-35（b）所示。

（a）　　　　　　　　（b）　　　　　　　　（c）

图 3-35　柔光（a）、强光（b）、亮光（c）

（7）实色混合：根据上下图层中图像颜色的分布情况，用两个图层颜色的中间值对相交部分进行填充，利用该模式可以制作出对比度较强的色块效果。如图 3-36（c）所示。

（a）　　　　　　　　（b）　　　　　　　　（c）

图 3-36　线性光（a）、点光（b）、实色混合（c）

比较模式组：

使用比较组可比较当前图层和下方图层，若有相同的区域，该区域变成黑色；不同的区域会显示为灰度层次和彩色；若图像中出现了白色，则该白色区域会显示出下方图层的反像色，但黑色区域不会发生变化。

（1）差值：上方图层的亮区将下方图层的颜色进行反相，暗区则将颜色正常显示出来，效果与原图像是完全相反的颜色。如图 3-37（a）所示。

（a）　　　　　　　　（b）

图 3-37　差值（a）、排除（b）

（2）排除：创建一种与"差值"模式类似对比度更低的效果，如图 3-37（b）所示。与白色混合将反转基色值。

（3）减去：查看各通道的颜色信息，并从基色中减去混合色。如果出现负数，就剪切为零。与基色相同的颜色混合得到黑色；白色与基色混合得到黑色；黑色与基色混合得到基色。如图 3-38（a）所示。

（4）划分：查看每个通道的颜色信息，并用基色分割混合色，基色数值大于或等于混合色数值，混合出的颜色为白色，基色数值小于混合色，结果色比基色更暗，因此，结果色对比非常强，白色与基色混合得到基色，黑色与基色混合得到白色。如图 3-38（b）所示。

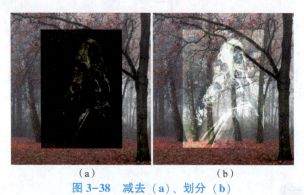

（a）   （b）

图 3-38　减去（a）、划分（b）

色彩模式组：

（1）色相：由上方图像的混合色的色相与下方图层的亮度和饱和度创建的效果。如图 3-39（a）所示。

（2）饱和度：由下方图像的亮度和色相以及上方图层混合色的饱和度创建的效果。如图 3-39（b）所示。

（3）颜色：由下方图像的亮度与上方图层的色相和饱和度创建的效果。这样可以保留图像中的灰阶，对于给单色图像上色和彩色图像着色很有用。如图 3-39（c）所示。

（4）明度：创建与"颜色"模式相反的效果，由下方图像的色相和饱和度值及上方图像的亮度所构成。如图 3-39（d）所示。

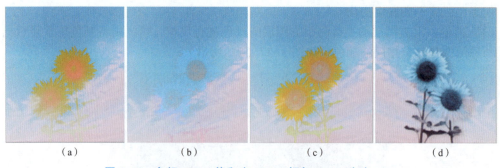

（a）   （b）   （c）   （d）

图 3-39　色相（a）、饱和度（b）、颜色（c）、亮度（d）

3.4　图层样式

使用图层样式可以方便地创建图层中整个图像的阴影、发光、斜面和浮雕等效果，赋予图层样式后会产生许多图层效果，这些图层效果的集合构成了图层样式。在"图层"调板中，图层名称的右边会显示图标 **fx ∨**。单击 **∨** 图标右边的按钮，可以将图层下边显示的效果名称展开，图层的下边会显示效果名称，单击 **∧** 按钮右边的按钮，可收缩图层下边的图层样式效果名称。

Photoshop CC 提供了多种图层样式，包括混合选项、斜面和浮雕、等高线、纹理、内阴影、内发光、光泽、颜色叠加、渐变叠加、图案叠加、外发光、投影。用户应用其中一种或多种样式，可以制作出光照、阴影、斜面、浮雕等特殊效果。图 3-40 所示为内发光效果。

图 3-40　内发光效果

3.4.1　添加与编辑图层样式

1. 添加图层样式

单击"图层"面板下方的"添加图层样式"按钮，在打开的下拉列表中选择"斜面和浮雕"选项，打开"图层样式"对话框，如图 3-41 所示。在"图层样式"对话框右侧的"样式"下拉列表中选择想要的样式效果并设置参数。在"图层样式"对话框左侧的"样式"选项栏中勾选"斜面和浮雕"复选框，切换到相应参数面板中继续添加样式。

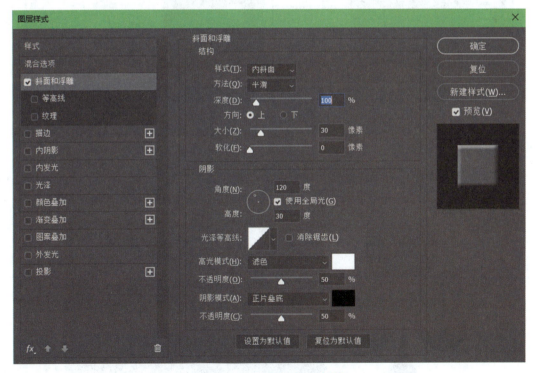

图 3-41　"图层样式"对话框

2. 复制和粘贴图层样式

在编辑图像时，用户可能需要对多个图层应用相同的图层样式，为了提高操作的准确性和效率，可以使用复制、粘贴图层样式的功能快速、轻松地解决问题。

- 复制图层样式：选择"图层"→"图层样式"→"拷贝图层样式"命令，或在已添加图层样式的图层上单击鼠标右键，在弹出的快捷菜单中选择"拷贝图层样式"命令。
- 粘贴图层样式：拷贝完成后，选择需要粘贴图层样式的图层，选择"图层"→"图层样式"→"粘贴图层样式"命令，或在需要粘贴图层样式的图层上单击鼠标右键，在弹出的快捷菜单中选择"粘贴图层样式"命令。

例如：在"图层"面板中选择"图层 1"图层，单击鼠标右键，在弹出的菜单中选择"拷贝图层样式"命令。在"图层"面板中选择"图层 2"，单击鼠标右键，在弹出的快捷菜单中选择"粘贴图层样式"命令，如图 3-42 所示。

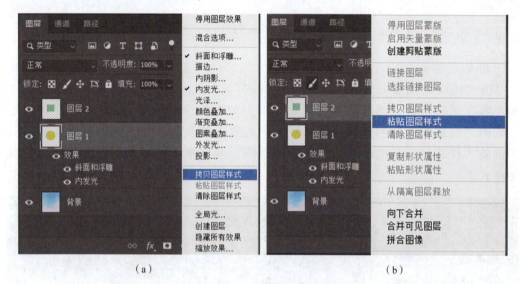

（a）　　　　　　　　　　　　　　　　　（b）

图 3-42　编辑图层样式

3.4.2 图层样式面板

"样式"面板不仅可以重新设置，还可以对创建好的图层样式进行保存，也可以创建和删除图层样式，另外，还可以将外部样式载入该面板中使用，如图 3-43 所示。

图 3-43　图层样式面板

3.4.3 "图层样式"对话框参数设置

"图层样式"对话框的左侧列出了 10 种效果。效果名称前面的复选框内有√标记，则表示在图层中添加了该样式。

1. 斜面和浮雕

"斜面和浮雕"样式可以为图层添加高光和阴影，使图像呈现立体的浮雕效果。图 3-44 为斜面浮雕参数选项，图 3-45 为斜面浮雕设置前后的效果对比。

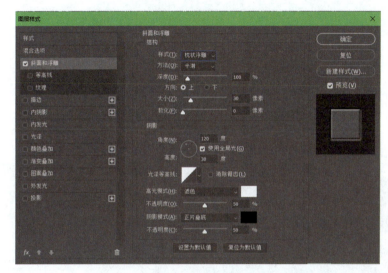

图 3-44　参数选项和斜面浮雕种类

图 3-45　文字和图形添加斜面浮雕的效果

样式：
- 外斜面：沿对象、文本或形状的外边缘创建三维斜面。
- 内斜面：沿对象、文本或形状的内边缘创建三维斜面。

选择"外斜面"，可在图层内容的内侧边缘创建斜面，如图 3-46（a）所示；选择"内斜面"，可在图层内容的内侧边缘创建斜面，如图 3-46（b）所示。

（a）　　　　　　　　　　　　（b）

图 3-46　外斜面（a）和内斜面（b）样式效果

- 浮雕效果：创建外斜面和内斜面的组合效果，如图 3-47（a）所示。
- 枕状浮雕：创建内斜面的反相效果，其中对象、文本或形状看起来下沉，如图 3-47（b）所示。

（a）   （b）

图 3-47　浮雕（a）和枕状浮雕（b）样式效果

- 描边浮雕：只适用于描边对象，即在应用描边浮雕效果时才打开描边效果。要呈现浮雕中的描边效果，一定要在图层样式对话框中同时勾选"斜面浮雕"和"描边"选项，如图 3-48 所示。

图 3-48　浮雕中描边浮雕样式效果

方法：在此下拉菜单中可以选择"平滑""雕刻清晰"以及"雕刻柔和"3 种创建斜面和浮雕效果的方式。

"平滑"是默认值，选中这个值可以对斜角的边缘进行模糊，它可用于所有类型的杂边，不论其边缘是柔和还是清晰，该技术不保留大尺寸的细节特征，从而制作出边缘光滑的高台效果。

"雕刻清晰"使用距离测量技术，主要用于消除锯齿形状，如文字的硬边杂边，它保留细节的能力优于"平滑"，对比效果如图3-49所示。

（a）　　　　　　　　　　　（b）

图3-49　平滑（a）和雕刻清晰（b）对比

"雕刻柔和"使用经过修改的距离测量技术，虽然不如"雕刻清晰"精确，但对于较大范围的杂边更加有用，保留特征的能力优于"平滑"，如图3-50所示。

图3-50　柔和效果

深度：设置浮雕斜面的应用深度，该值越高，浮雕的立体感越强。

方向：可以选择"斜面和浮雕"效果的视觉方向，斜面的方向分为"上"和"下"。通过该选项设置高光和阴影的位置，表现出物体的凹凸的变化。当选择"上"选项时，视觉上"斜面和浮雕"效果呈现凸起效果；当选择"下"选项时，在视觉上"斜面和浮雕"效果呈现凹陷效果。如图3-51所示。

（a）　　　　　　　　　　　（b）

图3-51　选择"上"（a）和"下"（b）的效果

大小：设置斜面和浮雕阴影面积的大小。

软化：设置斜面和浮雕的柔和程度，该值越高，效果越柔和。

角度/高度："角度"用来设置光的照射角度，"高度"用来设置光源的高度。可以在文本框中输入数值，也可以拖曳图标内的指针进行操作。如果勾选"使用全局光"，可以让所有浮雕样式的光照角度保持一致。

等高线：可以选择一个等高线的样式，为斜面和浮雕表面添加光泽，创建具有光泽感的金属外观的浮雕。

消除锯齿：可以消除设置光泽等高线时出现的锯齿效果。

1）设置等高线

如图3-52所示，单击对话框左侧的"等高线"选项，可以切换到"等高线"设置面板。使用等高线可以勾画在浮雕中被遮住的起伏、凹陷和凸起的效果。

2）设置纹理

单击对话框左侧的"纹理"选项，可以切换到"纹理"设置面板，如图3-53所示。

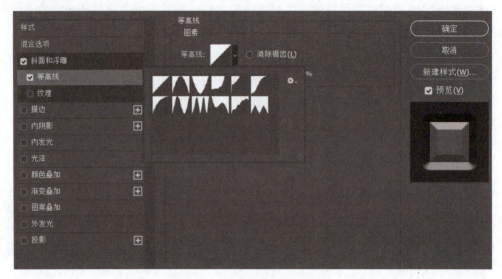

图 3-52　等高线参数设置面板

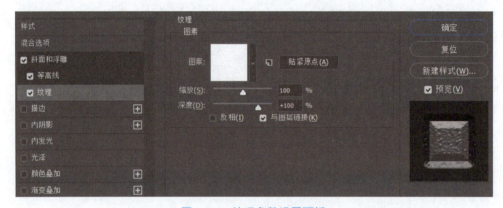

图 3-53　纹理参数设置面板

图案：单击右侧的下拉面板，可以在面板中选择一个图案，应用到斜面和浮雕上，如图 3-54 所示。

从当前图案创建新的预设 ▣：单击该按钮，可以将当前设置的图案创建为一个新的预设图案，新图案会保存在下拉面板中。

图 3-54　纹理的效果

缩放：用来设置图案的纹理大小。

深度：设置纹理的深度。

反相：勾选该选项，可以反转图案纹理的凹凸方向。

与图层链接：勾选后可以将图案链接到图层，此时对图层进行变换时，图案也会一同变化。

2. 描边

"描边"效果可以使用颜色、渐变或图案描画对象的轮廓，它对于硬边形状，如文字等特别有用。图 3-55 所示为描边前和用图案、渐变、颜色描边后的效果。

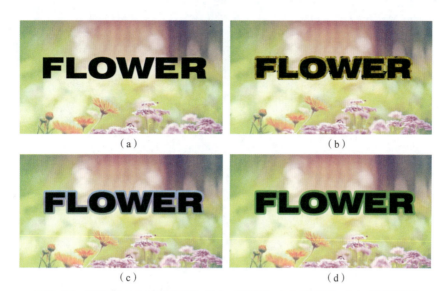

（a）   （b）

（c）   （d）

图 3-55 描边前（a）和用图案（b）、渐变色（c）和颜色（d）描边效果

3. 内阴影

"内阴影"效果可以在图层边缘内产生阴影，使图层产生凹陷的效果。

距离：用来设置投影偏移图层内容的距离，值越高，阴影距离越远。

阻塞：可以在模糊之前收缩内阴影的边界。

大小：用来设置阴影的模糊范围，该值越高，模糊范围越大；该值越小，阴影越清晰。如图 3-56 所示，内阴影大小不同，所产生的内阴影边缘清晰程度也不同。

图 3-56 修改内阴影"大小"效果

4. 内发光

"内发光"效果可以沿图层内容的边缘向内创建发光的效果。图 3-57 所示是文字图层应用内发光的效果。

"内发光"的重要选项介绍：

源：控制内发光光源的位置。选择居中，表示从图层的中心发出光，此时如果增加大小值，发光效果会向图像的中央收缩。选择边缘，表示从图层的内部边缘发出光，此时如果增加"大小"值，发光效果会向图像的中央扩展，如图 3-57 所示。

5. 光泽

"光泽"效果可以生成光滑的内部阴影，通常用来创建金属物体表面的光泽外观。可以通过选择不同的"等高线"来改变光泽的样式，达到不同的效果，如图 3-58 所示。

图 3-57　内发光的效果

图 3-58　光泽的效果

6. 颜色叠加

"颜色叠加"效果可以在图层上叠加指定的颜色。通过设置颜色的混合模式和不透明度，可以控制叠加效果，如图 3-59 所示。

图 3-59　颜色叠加的效果

7. 渐变叠加

"渐变叠加"效果可以在图层上叠加指定的渐变颜色，设置图层混合模式的类型和渐变的颜色，如图 3-60 所示。

图 3-60　渐变叠加的效果

8. 图案叠加

"图案叠加"效果可以在图层上叠加指定的图案，并且可以缩放图案，设置图案的不透明度和混合模式，如图 3-61 所示。

图 3-61　图案叠加的效果

9. 外发光

"外发光"命令用于在图像的边缘外部产生一种发光的效果。

混合模式/不透明度："混合模式"用来设置发光效果与下方图层的混合方式；"不透明度"用来设置发光效果的不透明程度，值越高，发光效果越清晰，值越低，发光效果越模糊。

杂色：在发光的效果中添加随机杂色，呈现出发光效果的颗粒感。

发光颜色：设置发光的颜色，可以设置单色或者渐变的发光效果。

扩展：可以将发光区域进行扩展，值越大，发光边缘越清晰。

大小：可以设置边缘发光区域的大小，值越大，边缘光源越模糊。

如图 3-62 所示，设置了外发光并调整了"大小"值，使边缘光源变得更加模糊。

图 3-62　设置外发光"大小"参数的效果

10. 投影

"投影"命令用于使当前图层产生阴影效果，使其产生立体感，如图 3-63 所示。

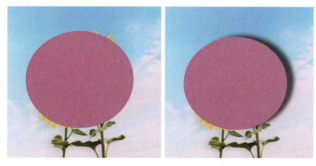

图 3-63　投影的效果

"投影"的重要选项介绍：

混合模式：设置投影与下方图层的混合模式。默认为"正片叠底"。

投影颜色：在"正片叠底"后面有一个颜色块，单击可以设置投影颜色，如图 3-64 所示。

不透明度：拖曳滑块或输入数值可以设置投影的不透明度。值越高，投影越深。

图 3-64　投影的颜色设置

角度：用来设置投影应用于图层的光照角度，可以拖曳指针完成设置。指针指向的方向就是光源的方向，相反的方向为投影的方向。其中，"使用全局光"用于保持所有的光照角度一致。

距离：设置投影偏移的距离，值越高，投影越远。

大小/扩展："大小"设置投影的模糊范围，该值越高，投影范围越大；该值越小，投影越清晰。"扩展"设置投影的扩展范围，会受到大小的影响。

等高线：使用等高线可以控制投影的形状。

消除锯齿：用于混合等高线边缘的像素，使投影更加平滑。

杂色：可在投影中添加杂色，值越高，杂色颗粒感越强。

图层挖空投影：用来控制半透明阴影中投影的可见性。选择该选项后，如果当前图层的不透明度小于 100%，则半透明的图层中的投影不可见。图 3-65（a）所示是设置不透明度和填充为 70% 左右的投影效果；图 3-65（b）所示是取消勾选"图层挖空"选项后的投影效果。

（a）　　　　　　　　　　　　　（b）

图 3-65　图层设置挖空投影的效果

【工作任务】

3.5　工作任务

3.5.1　工作任务 1：图像的叠加效果——为天空素材添加万丈光芒效果

1. 任务展示

练习图层混合模式、蒙版的应用和画笔工具的应用，利用移动工具添加相关素材。

2. 任务分析

使用移动工具添加素材，应用"自由变换"命令改变图形大小并翻转图像角度，修改图层混合模式为"滤色"，添加图层蒙版，将画笔不透明度调整到50%左右，涂抹达到最终效果。

3. 任务要点

掌握图层混合模式。

掌握画笔的使用。

4. 任务实现

（1）按"Ctrl+O"组合键，打开本书云盘中"CH03\素材\图像的叠加 **图像的叠加效果** 效果\01.jpg"文件，如图3-66所示。

（2）打开素材文件"02.jpg"，按"Ctrl+A"组合键，选择"移动"工具，将02图像选区中的图像拖曳到01图像窗口中的适当位置。如图3-66所示，将图像通过自由变换中的"旋转180度"改变方向，并继续调整大小，结果如图3-67（a）所示。在图层面板中，将图层"底图"的混合模式选择"滤色"，以达到"去黑留白"的效果，如图3-67（b）所示。

图3-66 打开图像并自由变换

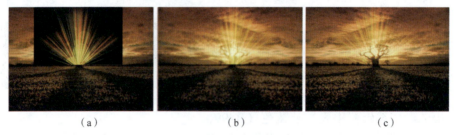

（a）   （b）   （c）

图3-67 改变混合模式和最终效果

（3）在图层面板中单击"添加图层蒙版"命令 ▣，添加图层蒙版，如图3-68所示。选择工具箱中的画笔工具，选择"柔边圆"画笔，将画笔的不透明度设置为"45%"，前景色颜色设置为默认黑色，在树干部分涂抹，将树被光遮盖的部分还原，最终效果如图3-67（c）所示，本案例完成。

图3-68 添加图层蒙版完成案例

3.5.2 工作任务2：用渐变填充图层替换无云晴天

1. 任务展示

案例原图和案例完成效果图分别如图3-69和图3-70所示。

图 3-69　案例原图

图 3-70　案例完成效果图

2. 任务分析

使用快速选择工具、渐变填充及滤镜中的"渲染"等命令，制作"渐变填充"的效果。

3. 任务要点

掌握"渐变填充"的使用方法。

使用选择工具选择图像，添加渐变填充图层，修改合适的图层混合模式。

使用"滤镜"中的"渲染"命令添加镜头光晕的效果。

用渐变填充图层替换无云晴天

4. 任务实现

（1）按"Ctrl+O"组合键，打开本书云盘中"CH03\素材\用渐变填充图层替换无晴天\01.jpg"文件，然后使用"快速选择工具" 选中天空部分图像，如图 3-71 所示。

（2）执行"图层"→"新建填充图层"→"渐变"菜单命令，可以打开"新建图层"对话框，在该对话框中可以设置渐变填充图层"角度"为-80，再单击"渐变"选项右侧的渐变色条，在弹出的渐变编辑器中设置从蓝色（R:99，

图 3-71　选择天空区域

G:152，B:240）到白色渐变，最后单击两次"确定"按钮，如图 3-72 所示。

图 3-72　渐变填充层调整

（3）按住"Alt"键，单击"图层"面板底部的"创建新图层"按钮，然后在弹出的"新建图层"对话框中设置"模式"为"滤色"，勾选"填充屏幕中性色（黑）"，如图 3-73 所示，接着单击"确定"按钮。

图 3-73　添加新建图层

（4）执行"滤镜"→"渲染"→"镜头光晕"菜单命令，然后在打开的"镜头光晕"对话框的缩览图右边位置单击定位光晕中心，再设置"亮度"为 150，如图 3-74 所示，接着单击"确定"按钮，本案例结束。

图 3-74　案例完成效果

3.5.3　工作任务 3：为模特换装

1. 任务展示
模特换装效果图如图 3-75 所示。

2. 任务分析
使用快速选择或者魔棒工具抠出模特的衣服，使用变换命令调整图像大小，使用贴入工具合成图像，使用图层混合模式让图像更真实。

为模特换装

3. 任务要点

灵活使用选择工具创建选区，使用贴入命令贴入图案。

熟练应用图层混合模式得到所需要的效果。

4. 任务实现

（1）按"Ctrl+O"组合键，打开本书云盘中的"Ch03\素材\为模特换装\01"文件。选择"快速选择工具"或者"魔棒工具"，在 01 图像窗口中沿着模特衣服的边缘拖曳鼠标绘制选区。在使用魔棒工具时，会选进一些不在衣服内的轮廓，可利用矩形工具属性栏里的"减去"选项减去选区，如图 3-76 所示。

图 3-75　模特换装效果图

图 3-76　模特换装选区

（2）按"Ctrl+O"组合键，打开本书云盘中的"Ch03\素材\为模特换装\02"文件，按"Ctrl+T"组合键，在图像周围出现变换框，将指针放在变换框的控制点上，拖曳鼠标将图像放大到适当的大小。按 Enter 键确定操作，效果如图 3-77 所示。按"Ctrl+A"组合键全选，然后按"Ctrl+C"组合键复制图像，切换到 01 图像，单击"编辑"→"选择性粘贴"→"贴入"命令，如图 3-78 所示，将 02 图像贴入 01 选区中。

（3）改变图层的"混合模式"为"正片叠底"模式，案例完成，最终效果如图 3-75 所示。

图 3-77　调整大小

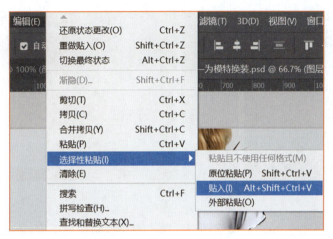

图 3-78 选择"贴入"命令

3.5.4 工作任务 4：制作特效字——水晶软糖字

1. 任务展示

案例完成效果如图 3-79 所示。

2. 任务分析

为文本图层添加图层样式，制作丰富的图像效果，使输入的文字具有软糖质感。

制作特效字——
水晶软糖字

3. 任务要点

使用"横排文字"工具添加文字，使用"图层样式"设置文字的水晶软糖效果。

4. 任务实现

（1）按"Ctrl+O"组合键，打开本书云盘中的"Ch03\素材\制作水晶软糖字\01. jpg"图像文件，在工具箱中选择横排文字工具 ，在文字工具属性栏中设置文本的字体格式为"showcardgothic"，字体的大小为 72 点。并设置字体的颜色为黑色，在图像上输入内容为"PHOTOSHOP 2023"，在图层控制面板会生成新的文字图层，如图 3-80 所示。

图 3-79 案例完成效果

图 3-80 文字输入

（2）在"图层"控制面板中，将文字图层填充设置为"0%"，按下"Ctrl+J"组合键，复制文字图层，如图 3-81 所示。

图 3-81　填充设置为"0%"

（3）选中"photoshop 2023"文字图层，单击图层控制面板下面的"添加图层样式"按钮 *fx*.。打开"图层样式"对话框，勾选"投影"复选框，设置投影的颜色为（R:20，G:79，B:94），不透明度设置为 75%，投影大小为 9。设置及效果如图 3-82 所示。

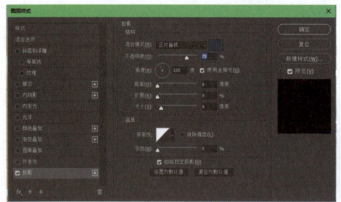

图 3-82　添加投影样式

（4）勾选"渐变叠加"复选框，单击对话框中的"点按可编辑渐变"按钮，弹出渐变编辑器对话框，将渐变颜色设置为蓝色（R:81，G:192，B:233）到浅蓝色（R:149，G:236，B:255），效果如图 3-83 所示。

图 3-83　添加渐变叠加样式

（5）勾选"内发光"复选框，将发光颜色设为蓝色（R:132，G:241，B:245），不透明度设置为75%，大小设置为32像素，其他选项设置及效果如3-84所示。

图3-84　添加渐变叠加样式

（6）勾选"斜面和浮雕"复选框，设置样式为"内斜面"，深度为85%，大小是15像素，调整光泽等高线，将高光颜色设为浅绿色（R:192，G:255，B:254），不透明度为57%，将阴影颜色设为深绿色（R:55，G:170，B:184），不透明度为75%，其他选项设置和完成效果如图3-85所示。

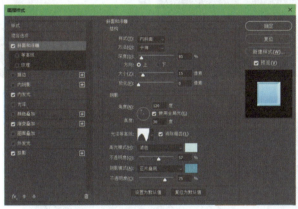

图3-85　添加斜面和浮雕样式

（7）在图层面板中选择"photoshop 2023拷贝"图层，单击"添加图层样式"按钮，在弹出的菜单中选择"投影"命令 *fx*，弹出"图层样式"对话框，将投影颜色设置为（R:23，G:74，B:83），大小设置为10像素，等高线设置如图3-86所示，勾选"消除锯齿"选项，图像预览效果如图3-86所示。

（8）在"图层样式"对话框中，勾选"光泽"复选框，混合模式设置为"叠加"，颜色为白色，角度为19度，距离和大小分别设置为90、105像素，等高线设置如图3-87所示，勾选"消除锯齿"选项，图像预览效果如图3-87所示。

（9）在"图层样式"对话框中，勾选"描边"复选框，填充类型设为"渐变"，在"渐变编辑器"中设置渐变色从蓝色（R:40，G:151，B:179）到浅蓝色（R:103，G:212，B:239），角度设置为0，单击"确定"按钮。其余选项如图3-88所示，图像预览效果如图3-88所示。

图 3-86　添加投影样式

图 3-87　添加光泽样式

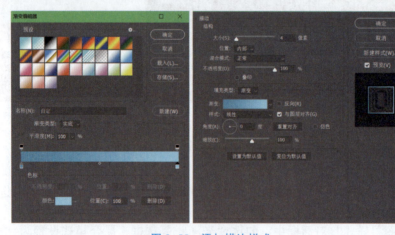

图 3-88　添加描边样式

（10）选择"文件"→"置入嵌入对象"，弹出"置入嵌入的对象"对话框，选择本书云盘中的"Ch03\素材\制作水晶软糖字\02.jpg"图像文件，单击"置入"按钮，将 02 图片置入窗口中，拖曳图像到合适的位置，并将新生成的图层重新命名为"放射线"，在图层面板中设置图层混合模式为"柔光"，如图 3-89 所示，本案例制作完成。

 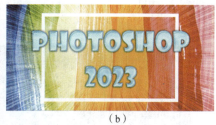

（a）　　　　　　　　　　　　　　（b）

图 3-89　置入图像修改混合模式

（a）原图；（b）修改混合模式后的效果

【任务拓展】

3.6 任务拓展

3.6.1 任务拓展 1：制作文化创意海报

1. 任务目的

根据提供的素材，调整图层的位置，选择适当的图层模式，制作大气磅礴的文化海报。

2. 任务内容

掌握文件置入智能图像的方法。

掌握图层不透明度的设置和图层混合模式的设置。

掌握图层样式的使用方法。

3. 任务步骤

（1）单击"文件"菜单中的"新建"命令，新建长度为 1 700 像素、高度为 2 400 像素、分辨率为 96 ppi、背景色为白色、名称为"创意文化海报"的图像文件。选择"文件"菜单中的"置入"命令，置入 01 素材，如图 3-90 所示。01 素材星空效果不理想，此时进行图像的合成，得到更加艺术气息的星空图。

图 3-90　置入图像

（2）文件置入"02. png"素材文件，调整至合适的位置，将大小也调整合适。效果如图 3-91 所示。

图 3-91　置入图像修改混合模式

（3）在原有的夜空颜色的基础上附加星光。选择"星空"图层，在"图层"面板上设置图层的混合模式为"强光模式"，除去暗沉背景，保留明亮的星光。

（4）置入"03. png"素材文件，调整至合适的位置和大小，将流星图层设置为"明度"模式，这样可以将流星图层的亮度应用到下方图层中。

（5）打开"04. psd"，将"底部"图层拖入"文化创意海报"图像文件中，调整合适的位置和大小，将"底部"图层在面板中设置图层混合模式为"叠加"。可以继续添加"04. psd"图像中"组 1"中的形状，应用到创意海报中，如图 3-92（a）所示。

（6）添加文字信息，使用"横排文字工具" T 在对话框图形中输入文字"追"，将其填充为白色，字体设置为素材中的"江舟行客"，并设置大小为 300 点，颜色为白色，继续上述操作或者复制修改文字"追"，将"梦赤子心"文字全部创建完成，并为文字创建图层组 1，效果如图 3-92（b）所示。

（a）　　　　　　　　　　　　　（b）

图 3-92　加入流星、形状拷贝图层效果（a）和添加文字效果（b）

（7）为"追梦赤子心"文字组添加图层样式。选择"图层"→"图层样式"→"斜面和浮雕"命令，打开"图层样式"对话框，设置样式为"浮雕效果"，设置"深度、大小、软化、高光模式、阴影模式"分别为"80%、30 像素、4 像素、滤色、正片叠底"、不透明度为 50%，如图 3-93（a）所示。

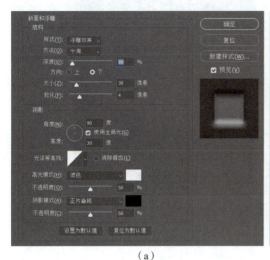
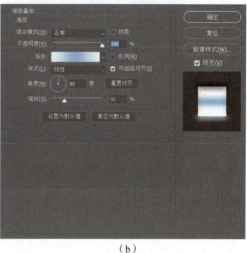

（a）　　　　　　　　　　　　　　　　（b）

图 3-93　添加文字样式效果

（8）在"图层样式"对话框左侧勾选"渐变叠加"复选框，设置混合模式为"正常"，设置颜色为白色—蓝色（R:94，G:170，B:224）—白色的渐变效果，如图 3-93（b）所示。

（9）继续在"图层样式"对话框中设置"投影"效果，投影颜色设置为（R:242，G:92，B:97），距离、扩展和大小分别设置为 20 像素、9 像素、65 像素，角度设置为 90 度，不透明度为"75%"，效果如图 3-94 所示。

（10）继续添加文字图层，设置文字的大小为 60 点，字体为黑体，文字的颜色为白色，大小为 60 点。为文字添加"外发光"图层样式，外发光颜色为（R:237，G:160，B:123），扩展为"13"、大小为"46"，如图 3-95 所示。最终图像完成效果如图 3-96（a）所示。也可再为文字图层添加更多图层效果，如图 3-96（b）所示。

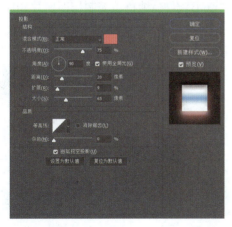

图 3-94　添加"投影"文字样式效果　　　　**图 3-95　添加"外发光"文字样式效果**

（a）

（b）

图 3-96　完成效果

3.6.2　任务拓展 2：用纯色填充制作旧照片

1. 任务展示
纯色填充制作旧照片效果图如图 3-97 所示。

2. 任务目的
使用"去色"命令将图像变为黑白色调，使用高斯模糊工具为图片添加杂色，使用纯色填充命令做旧图片，最后置入折痕文件，改变图层混合模式为"柔光"，完成旧照片的制作。

用纯色填充制作
旧照片

3. 任务要点
学习使用纯色填充、图层混合模式。

4. 任务实现
（1）按"Ctrl+O"组合键，打开本书云盘中的"Ch03\素材\纯色填充制作旧照片\01"文件，如图 3-98 所示。

图 3-97　纯色填充制作旧照片效果图　　　　图 3-98　制作写真照片模板素材 01

（2）执行"图像"→"调整"→"去色"命令，将图像变成黑白照片，如图 3-99 所示。

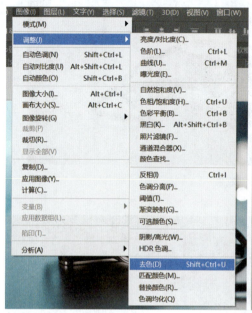

图 3-99　去色效果

（3）执行"滤镜"→"模糊"→"高斯模糊"命令，在弹出的"高斯模糊"对话框中设置参数：半径为 2.5，然后单击"确定"按钮，如图 3-100 所示。

图 3-100　模糊效果

（4）执行"滤镜"→"杂色"→"添加杂色"命令，在"添加杂色"对话框中设置数量为 15，勾选下方"单色"选项，单击"确定"按钮完成操作，如图 3-101 所示。

（5）执行"图层"→"新建填充图层"→"纯色"菜单命令，然后在"新建图层"对话框中单击"确定"按钮，接着在弹出的"拾色器（纯色）"对话框中拾取颜色（R:160，G:140，B:100），再单击"确定"按钮，新建的调整图层如图 3-102 所示。

图 3-101　杂色效果

图 3-102　填充图层设置效果

（6）在图层面板修改"颜色填充 1"图层的"混合模式"为"颜色"，效果如图 3-103 所示。

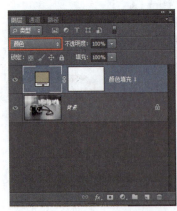

图 3-103　混合模式修改

（7）单击"文件"菜单中的"置入"命令，将"02. jpg"置入"01"文件中，执行"编辑"菜单中的"自由变换"命令，将"01"图像调整到与"02"图像一样大小，改变图层的"混合模式"为"柔光"模式，案例完成，最终效果如图 3-104 所示。

图 3-104 混合模式修改最终效果

3.6.3 任务拓展 3：制作乘车 App 登录界面

1. 任务展示

案例完成效果如图 3-105 所示。

制作乘车 App
登录界面

图 3-105 案例完成效果

2. 任务分析

图像分为上、下两部分，上部分为展示图像区域，主要应用到图层混合模式、图层样式、钢笔工具等命令；下部分为登录输入区，登录输入文字框的设计风格需要简洁大方，可通过投影等方式得到立体效果。界面整体简洁明亮、色彩亮丽，在构图上突出重点，界面操作简单，视觉效果突出。

3. 任务要点

文字工具、图层样式的应用。

4. 任务实现

（1）打开 Photoshop 软件，按"Ctrl+N"组合键或者单击"文件"→"新建"命令，新建"名称"为"乘车 App 登录界面","大小"为"1 080×1 920 像素","颜色模式"为"RGB 颜色",分辨率为"72"像素/英寸,"背景内容"为"白色"的图像文件,如图 3-106(a)所示。

(2)单击"新建图层"按钮，使用"矩形选框工具"　在白色背景图像上方绘制一个矩形选区,设置前景色为蓝色(R:36,G:226,B:223),按下"Alt+Delete"组合键将其填充为前景色蓝色,如图 3-106(b)所示。

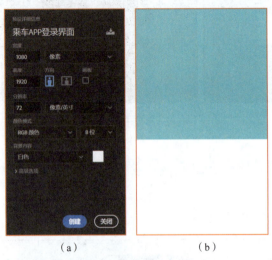

(a)　　　　　　　　　(b)

图 3-106　新建文档填充颜色

(3)新建图层 2,使用相同的方法在图层顶部绘制一个白色矩形,在"图层"面板中设置该图层的"不透明度"为 50%,效果如图 3-107 所示。

图 3-107　设置图层不透明度

(4)新建图层 3,使用"椭圆选框工具"　在蓝色矩形下方按住"Shift"键绘制一个圆形选区,并填充为相同的蓝色,然后在"图层"面板中将"图层 3"图层移至"图层 1"图层下方。并为"图层 3"图层添加投影颜色为深灰色、不透明度为 20%的"投影"图层样式,角度设置为 125,距离和大小分别设置为 12 和 8,如图 3-108 所示。

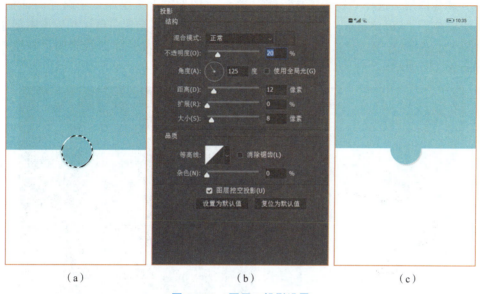

| （a） | （b） | （c） |

图 3-108　图层 3 投影设置

（5）打开"01. psd"素材文件，使用"移动工具" ✛ 将其中的内容拖曳到画面顶部；按住"Ctrl"键，选择新增加的两个图层，这里拖曳进来两个图标图层都是默认的"正片叠底"图层混合模式。单击"移动工具"，在工具属性栏中单击"底对齐"按钮 ⬛，使图标底部对齐。

（6）如图 3-109（a）所示，打开"02. psd"汽车素材文件，使用"移动工具" ✛ 将其拖曳过来，放到蓝色矩形中。为汽车所在图层添加投影颜色为黑色、不透明度为 50% 的"投影"图层样式、距离设置为 20 像素，大小设置为 40 像素，其余参数如图 3-109（b）所示。

| （a） | （b） |

图 3-109　设置汽车投影参数

（7）新建图层，选择"钢笔工具" 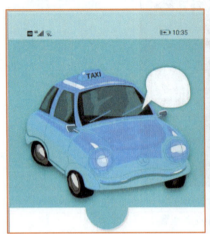，在汽车图像右上方绘制一个路径对话框图形，在图层面板按下"Ctrl+Enter"组合键将路径转换为选区，填充为白色，并为该图层添加深绿色（R:13，G:133，B:132）、不透明度55%、扩展10%、大小为25像素的"外发光"样式，如图3-110所示。

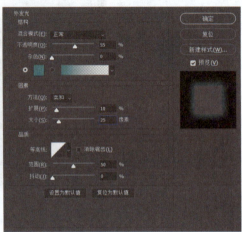

图 3-110　对话框"外发光"参数

（8）使用"横排文字工具" [T] 在对话框图形中输入文字"Hi"，将其填充为橘红色（R:234，G:137，B:47），字体设置为素材中的"欢乐体"，并设置合适的字体和大小。

（9）选择"多边形套索工具" ，新建图层，在图层3蓝色圆形中按住"Shift键"绘制一个三角形选区，填充为白色，如图3-111所示。

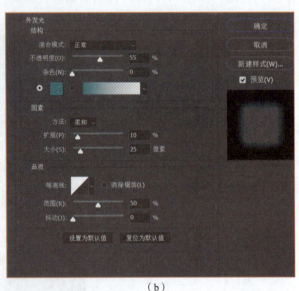

（a）　　　　　　　　　　　　　　　　（b）

图 3-111　图层 3 投影设置

（10）选择"圆角矩形工具" ，在工具属性栏中选择工具模式为"形状"，然后设置"填充"设置为白色，"描边"为浅灰色，"描边宽度"为4像素，"半径"为30。在画面下方按住鼠标左键拖曳，绘制出一个圆角矩形。将该形状图层栅格化，并重命名为"图层 9"，然后为其添加投影颜色为深灰色、不透明度为 20%的"投影"、距离和大小都为 20 像素的图层样式，如图 3-111（b）所示。复制"图层 9"图层，向下移动复制后的圆角矩形，调整到合适的位置。

（11）继续使用"圆角矩形工具" 绘制两个较小的圆角矩形，分别填充为浅灰色和蓝色，尺寸合适即可。如图 3-112（a）所示。使用"横排文字工具"，设置字体为"Adobe 黑体 Std"，字号为"48"点，在上方两个较大的圆角矩形中分别输入文字"用户名"和" ＊＊＊＊＊＊"。继续在圆角矩形中输入文字，分别填充为灰色和白色，并设置字体为黑体，效果如图 3-112 所示。

图 3-112　对话框设置效果

（12）在"图层"面板中选择最上方的图层，按"Alt+Ctrl+Shift+E"组合键，得到盖印图层，如图 3-113 所示。

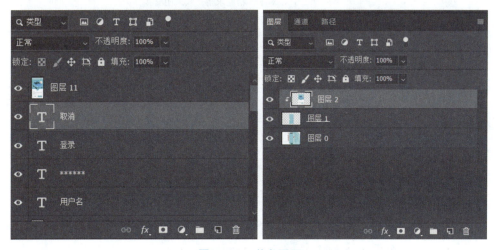

图 3-113　盖印图层

（13）打开"03.jpg"图像，选择"魔棒工具" ，在手机屏幕中单击，获取蓝色屏幕图像，并按"Ctrl+J"组合键复制图像到新的图层，得到"图层 1"。切换到"打车 App 登录界面.psd"图像文件中，使用"移动工具" 将盖印的图像拖曳到手机屏幕中，适当调整大小，"图层"面板中将自动增加"图层 2"。选择"图层"→"创建剪贴蒙版"命令，将超出手机画面的图像隐藏起来。

【任务总结】

通过本工作领域的完成，了解了图层的基本知识和编辑方法，掌握并练习了图层的创建、编辑，填充图层和调整图层的创建，以及多种图层样式和图层混合模式的应用，为熟练运用图层内容完成图像的编辑打下了基础。任务完成的过程中，需要同学们严谨细致、精益求精，关注每一个细节，养成勤思考、勤动手的好习惯。

【任务评价】

根据下表评分要求和准则，结合学习过程中的表现开展自我评价、小组评价、教师评价，以上三项加权平均计算出最后得分。

考核项	项目要求		评分准则	配分	自评	互评	师评
基本素养（20分）	学习态度（8分）	按时上课，不早退	缺勤全扣，迟到早退一次扣2分	2分			
		积极思考、回答问题	根据上课统计情况得1~4分	4分			
		执行课堂任务	此为否定项，违反酌情扣10~100分	0分			
		学习用品准备	自己主动准备好学习用品并齐全	2分			
	职业道德（12分）	主动与人合作	主动合作4分，被动合作2分	4分			
		主动帮助同学	能主动帮助同学4分，被动2分	4分			
		严谨、细致	对工作精益求精，效果明显4分；对工作认真2分；其余不得分	4分			
核心技术（40分）	知识点（20分）	1. 图层的创建和编辑 2. 调整图层和填充图层创建 3. 图层样式和图层混合模式	根据在线课程完成情况得1~10分	10分			
			能根据思维导图形成对应知识结构	10分			
	技能点（20分）	1. 熟练掌握图层操作方法 2. 掌握创建调整和填充图层的方法 3. 熟练运用图层样式和混合模式完成图像的编辑	课上快速、准确明确工作任务要求	10分			
			清晰、准确完成相关操作	10分			
任务完成情况（40分）	按时保质保量完成工作任务（40分）	按时提交	按时提交得10分；迟交得1~5分	10分			
		内容完成度	根据完成情况得1~10分	10分			
		内容准确度	根据准确程度得1~10分	10分			
		平面设计创意	视见解创意实际情况得1~10分	10分			
合计				100分			
总分【加权平均（自我评价20%，小组评价30%，教师评价50%）】							
小组组长签字			教师签字				

结合老师、同学的评价及自己在学习过程中的表现，总结自己在本工作领域的主要收获和不足，进行星级评定。

评价内容	主要收获与不足	星级评定
平面设计知识层面		☆ ☆ ☆ ☆ ☆
平面设计技能层面		☆ ☆ ☆ ☆ ☆
综合素质层面		☆ ☆ ☆ ☆ ☆

工作领域四

绘制、修饰和编辑图像

本部分学习聚焦绘制、修饰、编辑图像这一工作领域。在 Photoshop 软件中，可以使用画笔、选区、路径绘制图像，使用渐变工具和油漆桶工具进行颜色填充。修饰工具组能够快速修复有缺陷的图片，如抹去杂物、人物美颜等，图像编辑命令能实现图像的复制和变换、裁切和大小设置等常见操作。图像修饰主要介绍了各种修补修复图像的方法。针对图像绘制、修饰、编辑设置的工作任务，可以帮助我们快速熟悉绘制、修饰和编辑图像常用工具及操作方法。

【任务目标】

- 了解颜色设置方法及常用绘图工具。
- 掌握画笔工具的用法。
- 了解图像修复工具、修补工具、擦除工具的功能，掌握操作方法。
- 掌握图像复制、删除等基本编辑与操作方法，学会图像的裁切与变换。
- 完成工作任务，养成精益求精、严谨、细致的操作习惯。
- 引导学生具备知识产权意识，不能做剽窃、抄袭等侵权的违法行为。

【任务导图】

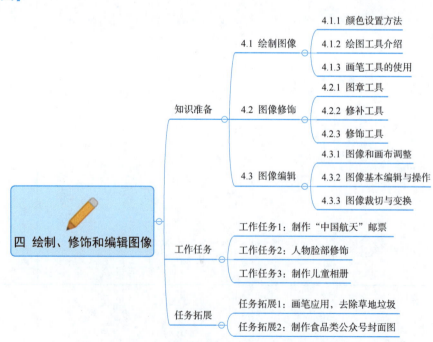

【知识准备】

4.1　绘制图像

4.1.1　颜色设置方法

使用画笔、渐变和文字等工具绘制图像，或进行选区填充、描边、修改蒙版、修饰图像等操作时，都需要指定颜色。Photoshop 提供了非常出色的颜色选择工具，可以帮助用户找到需要的任何色彩。

1. 前景色和背景色

Photoshop 工具箱底部有一组前景和背景色的设置图图标，前景色决定了绘画工具、画笔和铅笔绘制线条的颜色及使用文字工具创建文字时的颜色；背景色常用于生成渐变填充和填充图像中被抹除的区域。

默认情况下，前景色为黑色，背景色为白色。单击"设置前景色"或"设置背景色"图标，可以打开"拾色器"对话框，在对话框中修改它们的颜色。单击"切换前景色和背景色"图标，或按 X 键，可以切换前景色和背景色的颜色。修改了前景色和背景色后，单击"默认前景色和背景色"图标，可以将它们恢复为系统默认的颜色，如图 4-1 所示。

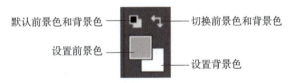

图 4-1　前景色和背景色设置

2. 吸管工具

使用"吸管工具"可以在打开图像的任何位置采集色样来作为前景色或背景色。把光标放在图像上，单击鼠标可以显示一个取样环，此时可拾取单击点的颜色为当前颜色；按住鼠标左键拖动，取样环中会出现两种颜色，下面的是前一次拾取的颜色，上面的则是当前拾取的颜色，如图 4-2 所示。

按住"Alt"键单击，可拾取单击的颜色并设置为背景色。如果将光标放在图像上，然后按住鼠标左键在屏幕上拖动，可以拾取当前屏幕内所有颜色。

在"拾色器"对话框中，把光标移至画布任何位置，都会转变为吸管工具。

图 4-2　吸管工具使用

3. 拾色器

在 Photoshop 中，只要设置颜色，几乎都需要使用到拾色器。在拾色器中，可以选择用 HSB（色相、饱和度、亮度）、RGB（红色、绿色、蓝色）、Lab 或 CMYK（青色、洋红、黄色、黑色）模式来指定颜色。拾色器中各部分含义如图 4-3 所示。

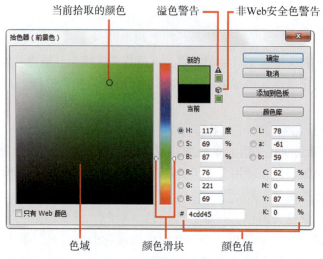

图 4-3 拾色器中各部分含义

4. "颜色"面板

执行"窗口"→"颜色"菜单命令，可以打开"颜色"面板。"颜色"面板中显示了当前设置的前景色和背景色，同时也可以在该面板中设置前景色和背景色。"颜色"面板各按钮功能如图 4-4 所示。

5. "色板"面板

"色板"面板是一些系统预设的颜色，单击相应的颜色即可将其设置为前景。执行"窗口"→"色板"菜单命令，可以打开"色板"面板，如图 4-5 所示。

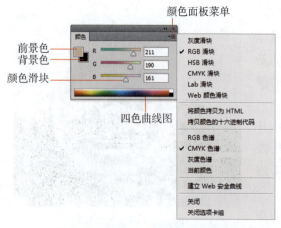

图 4-4 "颜色"面板各按钮功能

图 4-5 "色板"面板使用

4.1.2 绘图工具介绍

画笔、铅笔、颜色替换和混合器画笔工具都是 Photoshop 中用于绘画的工具，如图 4-6 所示，使用绘图工具是绘画和编辑图像的基础。下面介绍这些工具的使用方法。

图 4-6 绘图工具组

1. 画笔工具

"画笔工具"（图 4-7）与毛笔比较相似，可以使用前景色绘制出各种线条，同时也可以利用它来修改通道和蒙版，是使用频率最高的绘图工具之一。

图 4-7 画笔工具属性栏

2. 铅笔工具

"铅笔工具"（图 4-8）也是使用前景色来绘制线条的，它与画笔工具的区别是：画笔工具可以绘制带有柔边效果的线条，而铅笔工具只能绘制硬的、有棱角的线条。

其设置与画笔工具基本相同。

图 4-8 铅笔工具属性栏

3. 颜色替换工具

"颜色替换工具"（图 4-9）可以用前景色替换图像中的颜色。该工具不能用于位图、索引或多通道颜色模式的图像。

图 4-9 颜色替换工具属性栏

4. 混合器画笔工具

"混合器画笔工具"（图 4-10）可以混合像素，它能模拟真实的绘画技术，如混合画布上的颜色、组合画笔上的颜色和使用不同的绘画湿度。

图 4-10 混合器画笔工具属性栏

5. 绘图工具的工作原理

绘图工具的工作原理同实际绘图中的画笔和铅笔一样，其基本使用方法如下。

（1）在工具箱中选择相应的绘图工具。

（2）选取绘图颜色，即设置前景色。

（3）在"画笔"等工具的属性栏中设置画笔笔尖的大小和形状，或者单击属性栏中的按钮，在弹出的"画笔"面板中编辑、设置画笔。

（4）在属性栏中设置绘图工具的相关参数。

（5）新建所要绘制图形的图层，以方便后期修改和编辑。

（6）按住鼠标左键并拖动鼠标，即可在图像文件中绘制出想要表现的画面。

4.1.3 画笔工具的使用

1. 画笔工具

画笔工具可以使用前景色进行图像图形绘制或对黑白图像进行上色。在工具箱中选择画笔工具，画笔工具选项栏如图4-11所示，其各选项的意义如下。

图 4-11　画笔工具选项栏

画笔：在画笔工具选项栏中，单击画笔右边的小三角形按钮 ，可以在弹出的"画笔预设选择器"中选择合适的画笔直径、硬度、笔尖样式。

模式：用于设置绘制的图形与原图像的混合模式。

不透明度：决定笔触不透明度的深浅，不透明度的值越小，笔触就越透明，也就越能够透出背景图像。

流量：用于确定画笔的压力大小，数值越大，画出的颜色越深。

喷枪：激活此按钮，使用画笔绘画时，绘制的颜色会因鼠标的停留而向外扩展，画笔笔头的硬度越小，效果越明显。

平滑：用于设置描边平滑度，值越高，描边的抖动越小。

对称：用于设置绘画的对称选项。

"铅笔"工具的属性栏中有一个"自动抹掉"复选项，这是"铅笔"工具所具有的特殊功能。勾选此复选项并在图像内绘制颜色时，如果在与前景色相同的颜色区域绘画，铅笔会自动擦除此处的颜色而显示工具箱中的背景颜色；如在与前景色不一样的颜色区绘画，绘制出的颜色将是前景色。

2. 画笔面板

"画笔"面板是最重要的面板之一，可以应用画笔面板为画笔定义不同的形状与渐变颜色，绘制出多样的画笔图形。

（1）在工具箱中选择画笔工具后，属性栏中即可显示出所选择的画笔及相关设置的属性，单击"画笔设置"按钮 ，弹出"画笔设置"面板，如图4-12所示。

（2）执行"窗口"→"画笔"命令（按F5键），打开"画笔"面板。

该面板由3部分组成，左侧部分主要用于选择画笔的属性；右侧部分用于设置画笔的具体参数；最下面部分是画笔的预览区域。在设置画笔时，先选择不同的画笔属性，然后在其右侧的参数设置区中设置相应的参数，就可以将画笔设置为不同的形状了。

3. 选择画笔

可以使用以下两种操作方法在"画笔"面板中选择画笔，而且，当下一次再使用的时候，系统会记忆这次所选的工具。

图 4-12　画笔设置面板

（1）使用鼠标在"画笔"面板中选择。

（2）按"Shift+<"组合键，可选择"画笔"面板中第一个画笔；按"Shift+>"组合键，可选择"画笔"面板中最后一个画笔。

4. 设置画笔

1）设置画笔直径

设置画笔直径的方法有以下 3 种。

方法一：在工具箱中选择画笔工具后，单击属性栏中的"画笔"按钮，在弹出的"画笔笔头"设置面板中直接修改"大小"选项的参数。

方法二：单击属性栏中的 ●按钮，在弹出的"画笔"面板中直接修改"大小"参数。

方法三：选择画笔工具后，按键盘上的"［"键可以减小画笔笔头大小，按"］"键可以增大画笔笔头大小。

2）设置画笔属性

在"画笔设置"面板左侧，单击"画笔笔尖形状""形状动态"等选项，可以在面板右侧看到对应的参数设置栏，如图 4-13 所示。画笔属性选

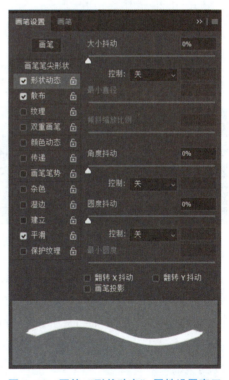

图 4-13　画笔"形状动态"属性设置窗口

项的具体含义列举如下。

"画笔笔尖形状"选项：用于选择和设置画笔笔尖的形状，包括角度、圆度等。

"形状动态"选项：用于设置笔尖形状随画笔的移动而变化的情况。

"散布"选项：用于确定是否使绘制的图形或线条产生一种笔触散射效果。

"纹理"选项：可以使"画笔"工具产生图案纹理效果。

"双重画笔"选项：可以设置两种不同形状的画笔来绘制图形，先通过"画笔笔尖形状"设置主笔刷的形状，再通过"双重画笔"设置次笔刷的形状。

"颜色动态"选项：可以将前景色和背景色进行不同程度的混合，通过调整颜色在前景色和背景色之间的变化情况及色相、饱和度和亮度的变化，绘制出具有各种颜色混合效果的图形。

"传递"选项：用于设置画笔的不透明度和流量的动态效果。

"杂色"选项：可以在绘制的图形中添加杂色效果。

"湿边"选项：可以使绘制的图形边缘出现湿润边的效果。

"平滑"选项：可以使画笔绘制的颜色边缘较平滑。

"保护纹理"选项：可以对所有的画笔执行相同的纹理图案和缩放比例。当使用多个画笔时，可模拟一致的画布纹理。

5. 定义画笔预设

除了上面介绍的"画笔"工具自带的笔尖形状外，还可以将自己喜欢的图像或图形定义为画笔笔尖。

选择要添加的画笔笔尖形状，执行"编辑"→"定义画笔预设"命令，在弹出的"画笔名称"对话框中，设置画笔的名称，然后单击"确定"按钮，如图4-14所示。此时，在"画笔笔尖"面板的最后即可查看到定义的画笔笔尖。

图4-14 定义"画笔预设"确认窗口

选择"画笔笔尖"面板自定义的画笔笔尖，在"画笔设置"对话框中调整参数，如笔尖大小、间距等，在下方预览窗口可以查看笔尖样式，调整完成后，即可在工作区进行图形的绘制。如图4-15所示，就是使用自定义的牡丹花画笔，鼠标手写的一个"赢"字。

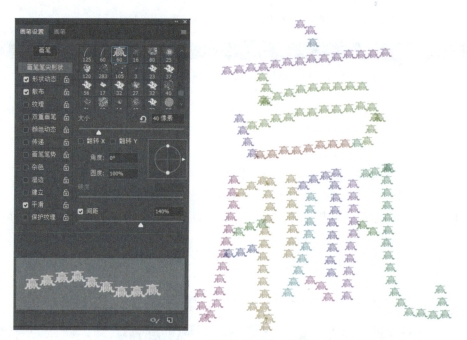

图4-15　画笔预设后笔尖属性

4.2　图像修饰

Photoshop 包含仿制图章、污点修复画笔、修复画笔、修补工具和红眼工具等，它们可以快速修复有缺陷的图像，去除图像中的污点和瑕疵。

4.2.1　图章工具

1. 仿制图章工具

使用仿制图章工具，可以将图像的一部分绘制到同一图像的另一个位置上，或绘制到具有相同颜色模式的任何打开的文档的另一部分。当然，也可以将一个图层的一部分绘制到另一个图层上。仿制图章工具对于复制图像或修复图像中的缺陷非常有用，常用来抹去图像中杂物。图 4-16（b）为图 4-16（a）中的红色茶杯被除掉的结果，图 4-16（c）为图 4-16（b）中的黄色茶杯被添加后的结果。

（a）　　　　　　　　　　　（b）　　　　　　　　　　　（c）

图4-16　仿制图章工具使用

仿制图章工具选项中，属性状态栏如图 4-17 所示。

图 4-17　仿制图章工具属性栏

对齐：勾选该项，可以连续对像素进行取样，每次单击，都重新取样，取样点在持续变化；若取消勾选，则每次单击鼠标，都使用初始取样点中的样本像素，因此，每次单击都视为另一次复制，类似于连续复制初始取样点。

样本：用来选择从指定的图层中进行数据取样。

除"对齐"和"样本"外，仿制图章工具选项均与画笔工具的相同。

使用时，选择仿制图章工具，将鼠标指针放在图像中需要复制的位置，按住 Alt 键，指针变为圆形十字图标，单击选定取样点，释放鼠标，在合适的位置单击并按住鼠标不放，拖曳鼠标即可复制出取样点的图像。

2. 图案图章工具

图案图章工具可以使用预设图案或载入的图案进行绘画，属性状态栏如图 4-18 所示。

图 4-18　图案图章工具状态栏

对齐：勾选该选项以后，可以保持图案与原始起点的连续性，即使多次单击鼠标也不例外；不勾选时，则每次单击鼠标都重新应用图案。

印象派效果：勾选该选项以后，可以模拟出印象派效果的图案。

4.2.2　修补工具

1. 污点修复画笔工具

使用污点修复画笔工具可以消除图像中的污点和某个对象，如图 4-19 所示。污点修复画笔工具不需要设置取样点，因为它可以自动从所修饰区域的周围进行取样。

图 4-19　污点修复画笔工具状态栏

模式：用来设置修复图像时使用的混合模式。其中，"替换"模式可以保留画笔描边的边缘处杂色、胶片颗粒和纹理。

类型：用来设置修复的方法。"近似匹配"可以使用工具边缘的像素来修补图像；"创建纹理"选项可以使用选项选区中的所有像素创建一个用于修复该区域的纹理；"内容识别"选项可以使用选区周围的像素进行修复。

选择"污点修复画笔工具"，在想要去除的污点上单击或拖曳鼠标，即可将图像中的污点消除，而被修改区域可无缝混合到周围图像环境中。如图 4-20 所示，将画笔大小调整到比小球略大，在小球上单击即可去除小球。

（a）　　　　　　　　　　（b）

图4-20　污点修复画笔工具去除小球

2. 修复画笔工具

修复画笔工具与仿制图章工具类似，它也利用图像或图案中的样本像素来绘画，但该工具可以从被修饰区域的周围取样，并将样本的纹理、光照、透明度和阴影等与所修饰的像素匹配，从而去除照片中的污点和划痕。修复结果中，人工痕迹不明显。

模式：设置修复图像的混合模式。若选用"正常"选项，则使用样本像素进行绘画的同时，可把样本像素的纹理、光照、透明度和阴影与像素融合；若选用"替换"选项，可以保留画笔描边的边缘处的杂色、胶片颗粒和纹理，使修复效果更加真实。

源：设置用于修复的像素的来源。选择"取样"，可以直接从图样、图像上取样；选择"图案"，则可在图案下拉列表中选择一个图案来修复目标。

在图4-20中，单击"修复画笔工具"，调整画笔大小，按住Alt键并在小球附近单击鼠标取样，然后在小球上单击或拖曳鼠标，也可擦除小球。

3. 修补工具

修补工具可以利用其他区域或图案中的像素来修复选中的区域，并将样本像素的纹理、光照或阴影与源像素进行匹配。该工具的特别之处就是需要用选区来定位修补范围，精确地针对一个区域进行处理。

新选区：去除旧选区，绘制新选区。

添加到选区：在当前选区的基础上添加新的选区。

从选区减去：从原选区中减去新绘制的选区。

与选区交叉：选择新旧选区相交的部分。

单击"修补工具"，鼠标变成一个带有小勾的补丁形状，绘制一个区域，圈出照片中的时间水印部分，移动到没有水印的其他地方，如图4-21所示，即可去掉数码照片时间水印。

4. 内容感知移动工具

内容感知移动工具是更加强大的修复工具，它可以选择和移动局部图像。当图案重新组合后，出现的空洞会自动填充相匹配的图像内容。不需要进行复杂的选择，即可产生出色的视觉效果。图4-22所示就是使用内容感知移动工具将恐龙博物馆中拍摄的图片进行处理的前后效果对比。

图 4-21　修补工具去除时间水印

图 4-22　内容感知移动工具使用

5. 红眼工具

红眼工具可以去除闪光灯导致的红色反光，以及动物照片中的白色或绿色反光。单击"红眼工具"，设置好属性后，直接在图像中红眼部分单击鼠标左键即可去除红眼。

4.2.3　修饰工具

模糊、锐化、涂抹、减淡、加深和海绵等工具可以对照片进行润湿，改善图像的细节、色调、曝光，以及色彩的饱和度。这些工具适合小范围的局部图像。

1. 模糊工具组

模糊工具组包括"模糊工具""锐化工具"及"涂抹工具"。这三种工具主要用于对图像局部细节进行修饰，操作方法一样，都是按住鼠标左键在图像上拖动以产生效果。

1）模糊工具

使用模糊工具在图像中拖动鼠标，在鼠标经过的区域就会产生模糊效果。如果工具选项栏上设置的画笔的值较大，则模糊的范围就较广，如图 4-23 所示。

图 4-23　模糊工具属性选项栏

强度：设置模糊工具对图像的模糊程度，取值越大，模糊效果越明显。

2）锐化工具

使用锐化工具在图像中拖动鼠标左键，在鼠标经过的区域就会产生清晰的图像效果。其工具选项栏上设置画笔的值较大，则清晰的范围就较广；强度值越大，清晰效果越明显，如

图 4-24 所示。

图 4-24　锐化工具属性选项栏

3）涂抹工具

使用涂抹工具涂抹图像时，可拾取鼠标单击点的颜色，并沿拖移的方向展开这种颜色，模拟出类似于手指拖过湿油漆时的效果。工具选项栏上设置画笔的值较大，则涂抹的范围就较广；设置强度的值越大，则涂抹的效果就越明显，如图 4-25 所示。

图 4-25　涂抹工具属性选项栏

与之前两个工具不同的是，在涂抹工具的选项栏上多了一个"手指绘画"的复选框，如果勾选此项，则当用鼠标涂抹时，用前景色与图像中的颜色相融，可以产生涂抹后的笔触；若不勾选，涂抹过程中使用的颜色来自每次单击的开始处。

模糊工具可柔化硬边缘或减少图像中的细节；锐化工具可以增强相邻像素之间的对比，提高图像的清晰度；涂抹工具可以模拟出在画纸上用手指涂抹未干的油彩后的效果。如图 4-26 所示，图 4-26（a）为原图，图 4-26（b）中的三个苹果分别使用了三种工具，红色苹果用模糊工具处理使其变虚；绿色苹果用锐化工具使对比度加大，黄色苹果用涂抹工具模拟了手指涂抹未干油彩的效果。

（a）　　　　　　　　　　　　　　（b）

图 4-26　模糊工具组使用前后效果对比

2. 色调工具组

色调工具组中包括减淡工具、加深工具以及海绵工具。这三种工具都可以通过按住鼠标在图像上拖动来改变图像的色调。

1）减淡工具

用减淡工具可以使图像或者其中某区域内的像素变亮，但色彩饱和度降低，如图 4-27 所示。单击工具箱中的减淡工具，其工具属性选项栏如图 4-28 所示。

范围：选择亮度的色调范围。

曝光度：描边时的曝光度。

2）加深工具

使用加深工具正好与减淡工具相反，可以使图像或者图像中某区域内的像素变暗，但是色彩饱和度提高，如图 4-29 所示。

（a） （b）

图 4-27　减淡工具使用前后效果对比

（a）原图；（b）应用减淡工具效果

图 4-28　锐化工具属性选项栏

在调节照片特定区域曝光度的传统摄影技术中，摄影师通过遮挡光线以使照片中的某个区域变亮（减淡），或增加曝光度使照片中的区域变暗（加深）。Photoshop 中的减淡工具和加深工具正是基于这种技术，可用于处理照片的曝光。图 4-29 所示为应用减淡工具和加深工具前后效果对比。

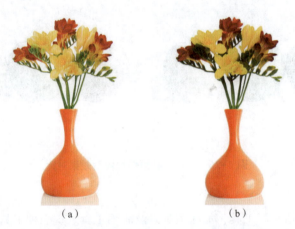

（a） （b）

图 4-29　应用减淡工具和加深工具前后效果对比

（a）应用减淡工具；（b）应用加深工具

3）海绵工具

使用海绵工具可以精确提高或者降低图像中某个区域的色彩饱和度。海绵工具属性选项栏如图 4-30 所示。

图 4-30　海绵工具属性选项栏

模式：用于对图像进行加色或去色的设置。

自然饱和度：选择该复选项时，可以对饱和度不够的图像进行处理，调整出非常优雅的灰色调。

海绵工具可以修改色彩的饱和度。选择该工具后，在画面中单击并拖动鼠标涂抹即可进行处理。图4-31所示为使用海绵工具"加色""去色"前后效果对比。

（a）　　　　　　　（b）　　　　　　　（c）

图4-31　使用海绵工具"加色""去色"前后效果对比

（a）原图；（b）加色；（c）去色

3. 颜色填充工具

图像填充工具主要用来为图像添加装饰效果。Photoshop有两种图像填充工具，分别是"渐变工具"和"油漆桶工具"。

1）渐变工具

渐变工具用来在整个文档或选区内填充渐变颜色。渐变在Photoshop中的应用非常广泛，它不仅可以填充图像，还能用来填充图层蒙版、快速蒙版和通道。此外，调整图层和填充图层也会用到渐变。

2）油漆桶工具

油漆桶工具可以在图像中填充前景色或图案，填充画布中与鼠标单击点颜色相近的区域，如果创建了选区，只会填充区域内与鼠标单击点颜色相近的区域。

4.3　图像编辑

Photoshop提供了调整图像大小和尺寸，移动、复制、删除图像，裁剪变换图像等图像编辑方法，可以快速地对图像进行适当的编辑和调整。

4.3.1　图像和画布调整

1. 图像尺寸调整

图像尺寸调整就是更改图像的像素大小，这不仅会影响图像在屏幕上的大小，还会影响图像的质量及其打印尺寸、分辨率、存储空间。

执行"图像"→"图像大小"菜单命令，或按"Ctrl+Alt+I"组合键，打开"图像大小"对话框，可通过改变参数来修改图像大小，如图 4-32 所示。

图 4-32　修改参数改变图像大小

预览图像大小调整⊖ 50% ⊕：调整数值50%或单击⊖、⊕按钮，可以调整预览图像的显示比例。

图像大小：通过改变"宽度""高度"和"分辨率"项的数值，可改变图像的文件大小，图像的尺寸也相应改变。

⚙选项：单击此按钮，在弹出的下拉列表中选择"缩放样式"选项后，若在图像操作中添加了图层样式，可以在调整大小时自动缩放样式大小。

尺寸：显示图像的宽度和高度值。单击尺寸右侧的▼按钮，可改变计量单位。

调整为：选取"预设"，以调整图像大小。

约束比例：单击宽度和高度左侧的锁链按钮🔗，表示改变其中一项数值时，另一项会成比例地同时改变。

分辨率：指位图图像中的细节精细度，单位是像素/英寸，每英寸的像素越多，分辨率越高。

重新采样：不勾选此复选框，尺寸的数值将不会改变，宽度、高度和分辨率选项左侧将出现锁链按钮🔗，改变其中一项数值时，另外两项会相应改变，如图 4-33 所示。

图 4-33　"图像大小"对话框

在"图像大小"对话框中可以改变选项数值的计量单位，在选项右侧的下拉列表中进行选择即可，如图 4-34 所示。单击"调整为"选项右侧的下拉按钮，在弹出的下拉菜单中选择"自动分辨率"命令,弹出"自动分辨率"对话框,系统将自动调整图像的分辨率和品质,如图4-35所示。

图 4-34 计量单位选择

图4-35 "自动分辨率"设置

2. 修改画布大小

画布是指整个文档的工作区域,图像画布尺寸的大小是指当前图像周围的工作空间的大小。选择"图像"→"画布大小"命令,弹出"画布大小"对话框,如图 4-36 所示。

当前大小:显示的是当前文件的大小和尺寸。

新建大小:用于重新设置图像画布的大小。

相对:当勾选"相对"后,"宽度"和"高度"中的数值将代表实际增加或者减小的区域大小,不再代表整个文档的大小,此时输入正值表示增加画布,输入负值则减小画布。

定位:调整图像在新画布中的位置,如图4-37所示。

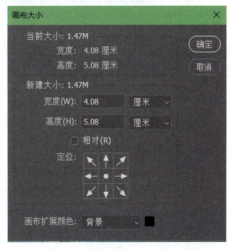

图 4-36 "画布大小"对话框

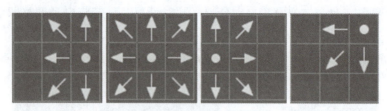

图 4-37 "定位"中心点

　　画布扩展颜色：在此选项的下拉列表中可以
选择填充图像周围扩展部分的颜色。可选择前景色、背景色或 Photoshop 中的默认颜色，也
可自己调整所需颜色。

　　在文档中置入一个较大的图像文件，或使用移动工具将一个较大的图像拖入一个较小文档
时，图像中一些内容就会位于画布之外，不会显示出来，如图 4-38 所示。执行"图像"→
"显示全部"菜单命令，Photoshop 会通过判断图像中像素的位置，自动扩大画布，显示全部图
像，如图 4-39 所示。

图 4-38　图片超出画布效果

图 4-39　选择"显示全部"效果

4.3.2　图像基本编辑与操作

1. 移动图像

　　移动图像分为两种情况：第一种情况是在同一文档中移动；第二种情况是在不同的文档
中移动。

　　1）在同一文档中移动图像

　　选择要移动的图像，在工具箱中选择"移动工具"，拖曳鼠标就可以移动图像。如图 4-40
所示，在图 4-40（a）中选中蓝色蝴蝶，图 4-40（b）为在同文档中移动后效果。

　　2）在不同的文档中移动图像

　　使用移动工具选中对象，按住鼠标左键向背景中拖曳，当鼠标光标变为加号图标时，释
放鼠标，对象图片将被移动到背景中，如图 4-40（c）所示。

········· 128 ·········

（a）　　　　　　　　（b）　　　　　　　　（c）

图 4-40　移动图像效果

2. 复制图像

复制图像前，需要选择要复制的图像区域，即创建所需图像的选区，然后使用移动工具复制图像。

常用的复制方法有以下几种：

方法一：选择"编辑"→"拷贝"命令或按"Ctrl+C"组合键将图像复制，然后选择"编辑"→"粘贴"命令菜单或按"Ctrl+V"组合键，即可复制出选区内的图像。

方法二：按"Ctrl+J"组合键，可将当前图层或选区内的图像复制到新图层中，并且被复制的图像与原图像完全重合，用移动工具移动图像可以看到复制的图层。

方法三：选择"移动工具"，将光标放在选区中，光标变为剪刀图标 ，按住 Alt 键，光标变成叠加图标 ，单击鼠标左键并按住 Alt 键不放，拖曳选区中的图像到合适位置，释放鼠标和 Alt 键，完成图像内的复制。效果如图 4-41 所示。

图 4-41　复制图像效果

3. 删除图像

在删除图像前，首先选择将要删除的区域，然后执行"编辑"→"清除"命令，或者按 Delete 键，即可将选中的图像删除，接着按"Ctrl+D"组合键，取消选择。若被删除图层是"背景"图层，被删除选区将以背景色填充；若不是"背景"图层，被删除选区将变为透明区域。

如果要删除某个图层中的全部图像，可直接将该图层拖曳到"图层"面板底部的"删除图层"按钮上后释放鼠标，或选定要删除图层，按 Delete 键，也可删除该图层。效果如图 4-42 所示。

图 4-42　删除图像效果

4.3.3 图像裁切与变换

1. 图像裁剪与裁切

裁剪是指移去部分图像，以凸出或加强构图效果的过程。使用"裁剪工具"可以裁剪掉多余的图像，并重新定义画布的大小。选择"裁剪工具"后，在画面中拖曳出一个矩形区域，选择要保留的部分，然后按"Enter"键或双击鼠标即可完成裁剪，如图 4-43 所示。

图 4-43　裁剪工具选项栏

比例：单击此选项，弹出下拉菜单，可以选择创建裁剪的类型，如不受约束、按比例等。

数值项：可以设置裁剪框的长宽比。

清除：清除长宽比值。

拉直按钮：通过图像中绘制的直线来拉直图像。

按钮：单击此按钮，弹出下拉菜单，可以设置裁剪工具的叠加选项。

按钮：单击此按钮，弹出下拉菜单，可以设置裁剪模式、裁剪区域预览、是否使用裁剪屏蔽等选项。

删除裁剪的像素：设置是否删除裁剪框外的像素。

内容识别：识别原始图像外的内容填充区域。

使用裁剪工具裁切图像：打开一幅图像，选择裁剪工具，在图像中单击并按住鼠标左键，拖曳鼠标到适当位置时释放鼠标，绘制出矩形裁剪框，在矩形裁剪框内双击或按"Enter"键，都可以完成图像的裁剪，如图 4-44 所示。

使用菜单命令裁剪图像：选择"矩形选框"工具，在图像窗口中绘制出要裁剪的图像区域，选择"图像"→"裁剪"命令，图像按选区进行裁剪，如图 4-45 所示。按"Ctrl+D"组合键取消选区。

2. 图像的变换

旋转、缩放、扭曲、斜切等是处理图像的基本方法。其中，旋转和缩放称为变换操作，而扭曲和斜切称为变形操作。通过执行"编辑"菜单下的"自由变换"和"变换"命令，可以改变图形的形状。

图 4-44 用裁剪工具裁剪图像

图 4-45 用裁剪命令裁剪图像

1）认识定界框中心点和控制点。

在执行"编辑"→"自由变换"命令与执行"编辑"→"变换"命令时，当前图像的周围会出现一个用于变换的定界框。定界框的中间有一个中心点，四周还有控制点。在默认情况下，中心点位于变换对象的中心。对于定义对象的变换中心，拖曳中心点可以移动它的位置；控制点主要用来变换图像。

2）变换操作与效果

在"编辑"→"变换"菜单中提供了各种变换命令，如图 4-46 所示。用这些命令可以对图层路径、矢量图形以及选区中的图像进行变换操作。

缩放：使用"缩放"命令，可以相对于变换对象的中心点对图像进行缩放。如果不按任何快捷键，可以任意缩放图像；如果按住"Shift"键，可以等比例缩放图像；如果按住"Shift+Alt"组合键，可以中心点为基准点等比例缩放图像。

旋转：使用"旋转"命令，可以围绕中心点转动变换对象。如果不按任何快捷键，可以任意角度旋转图像；如果按住"Shift"键，可以 15°为单位旋转图像。

斜切：使用"斜切"命令，可以在任意方向、垂直方向或水平方向上倾斜图像。如果不按任何快捷键，可以在任何方向倾斜图像；如果按住 Shift 键，可以在垂直或水平方向倾斜图像。

扭曲：使用"扭曲"命令，可以在各个方向上变换对象。如果不按任何快捷键，可以在任意方向上扭曲图像；如果按住"Shift"键，可以在垂直或水平方向上扭曲图像。

透视：使用"透视"命令，可以对变换图像应用单点透视。拖曳定界框四个角上的控制点可以在水平或垂直方向上对图像应用透视。

变形：如果要对图像的局部内容进行扭曲，可以使用"变形"命令来操作。执行该命令时，图像上将会出现变形网格和锚点，拖曳锚点或调整锚点的方向线可对图像进行更加灵活和自由的变形处理。选择"编辑"→"变换"→"变形"命令或按住"Ctrl+T"组合键后，在选项栏的右边单击▦按钮，可以对选区内的图像或非背景图像进行变形处理。

图 4-46　图像变换效果

3）自由变换操作与效果

"自由变换"命令其实是"变换"命令的加强版，它可以在一个连续操作中应用旋转、缩放、斜切、扭曲、透视和变形命令。如果是变换路径上的锚点，自由变换命令将自动切换为自由变换点命令，并且可以不必选取其他变换命令。操作方法是，单击"编辑"→"自由变换"命令或按"Ctrl+T"组合键，可以对选区内的图像或非背景层图像进行自由变换。

在进入自由变换状态以后，Ctrl 键、Shift 键和 Alt 键经常搭配使用。

按住"Shift"键，用鼠标左键拖曳定界框 4 个角上的控制点，可以等比例放大或缩小图像，也可以反方向拖曳形成翻转变换。用鼠标左键在定界框外拖曳，可以 15° 为单位，顺时针或逆时针旋转图像。

按住"Ctrl"键，用鼠标左键拖曳定界框 4 个角上的控制点，可以形成任意的不规则四边形；用鼠标左键拖曳定界框边上的控制点，可以形成以对边不变的自由平行四边形方式变换。

按住"Alt"键，用鼠标左键拖曳定界框 4 个角上的控制点，可以形成以中心对称的自由矩形方式变换；用鼠标左键拖曳定界框边上的控制点，可以形成以中心对称的等高或等宽的自由矩形方式变换。

【工作任务】

4.4　工作任务

4.4.1　工作任务1：制作"中国航天"邮票

1. 任务展示

制作"中国航天"邮票，效果图如图4-47所示。

图4-47　制作"中国航天"邮票效果图　　　　　制作"中国航天"邮票

2. 任务分析

调整画布大小，使用画笔工具绘制锯齿花边。

3. 任务要点

掌握"画笔工具"的使用及参数设置方法。

熟练应用"图层样式"，掌握文字的添加方法。

4. 任务实现

（1）新建文档，执行"文件"→"新建"命令，弹出"新建"对话框，设置文档名称为"中国航天邮票"，宽度为800，高度为400，单位为像素，颜色模式为RGB，分辨率为150像素/英寸，背景颜色为白色。

（2）选择"文件"→"打开"命令，打开"问天太空舱.jpg"图片，选择工具箱中的移动工具，将素材图片拖曳到"中国航天邮票"文档中，命名为"图层1"。单击"编辑"→"自由变换"命令或按"Ctrl+T"组合键把图片调整到合适大小和位置，单击工具选项栏中的"确定"按钮，效果如图4-48所示。

（3）选择背景图层，选择"图像"→"画布大小"，将照片的宽度、高度各扩充100像素，设前景色为浅灰色，按"Alt+Del"组合键填充，效果如图4-49所示。

（4）复制图层。选择"图层1"，按"Ctrl+J"组合键复制图层，命名为"图层2"。切换前景色为白色，按住"Alt+Delete"组合键将图层2填充为白色。按"Ctrl+T"组合

图 4-48   拖入图像并进行变换调整

图 4-49   扩充画布

键后，按住"Shift+Alt"组合键的同时拖动调节点，从中心正比例进行放大，如图 4-50 所示。

（5）在工具栏中选择画笔工具，打开画笔预设选择器，"笔尖"设置为"硬边圆"，"大小"设置为"25 像素"，"硬度"设置为"100%"。按 F5 键打开画笔面板，设置画笔"间距"为"100%"，如图 4-51 所示。

（6）选择"图层 2"，选择"橡皮擦工具"，设置好画笔后，用画笔工具单击左上角，然后按"Shift"键再单击右上角，使用同样的方法画完四条边，锯齿形的邮票花边制作完成，如图 4-52 所示。

图 4-50　复制图层

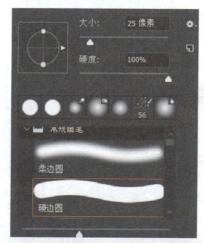

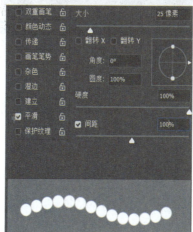

图 4-51　设置画笔

图 4-52　绘制锯齿形花边

（7）双击"图层 2"缩略图，添加图层样式，在"图层样式"对话框中，选中左侧投影复选框进行参数设置，图层混合模式选择正片叠底，不透明度设置成"50%"，角度设为"120"，距离设为 5 像素，大小为 10 像素。设置投影后，邮票更具有立体感，如图 4-53 所示。

图 4-53　添加图层样式

（8）选择工具箱中的横排文字工具，输入"中国邮政 China""80 分"等字体，设置字体颜色为白色，选择合适的字体大小后，按"Enter"键确认。

（9）选择"图层 1"，按"Ctrl+M"组合键，在"曲线"对话框中用鼠标调整节点设置参数，单击"确定"按钮将照片调亮，保存图像，最终效果如图 4-47 所示。

4.4.2　工作任务 2：人物脸部修饰

1. 任务展示

人物脸部修饰效果图如图 4-54 所示。

人物脸部修饰

图 4-54　人物脸部修饰效果图

2. 任务分析

本任务主要通过使用污点修复画笔工具或仿制图章工具、修补工具等去除脸部瑕疵。通过图像、滤镜等命令进行数码照片中人物的脸部美容修饰。

3. 任务要点

掌握污点修复画笔工具或仿制图章工具、修补工具的使用方法。学会使用图像调整命令、滤镜液化命令进行脸部修饰的方法。

4. 任务实现

（1）打开素材文件"脸部修饰 .jpg"，按"Ctrl+J"组合键，复制图层。选择"放大镜"工具，对需要修改的照片做局部放大，如图 4-55 所示。

（2）选择"污点修复画笔"工具，单击脸部有斑点处，去除脸上的斑点。选择"仿制图章工具"，在工具属性栏调整"大小"和"硬度"，按住"Alt"键单击鼠标，吸取瑕疵皮肤周围正常皮肤的颜色；松开"Alt"键，将光标移动到瑕疵皮肤，刚才吸取的正常皮肤就会覆盖瑕疵皮肤。

（3）选择"修补"工具，在需要修改的瑕疵区域圈选，拖动至无瑕疵区域，松开鼠标，按"Ctrl+D"组合键取消选区，瑕疵区域被正常区域取代，如图 4-56 所示。

（4）选择"滤镜"→"液化"命令，弹出"液化"对话框，在对话框右侧属性栏中，选择眼睛、鼻子、嘴唇等相应部位，调整参数设置，满意后单击"确定"按钮，如图 4-57 所示。

图 4-55　打开并做局部放大

图 4-56　脸部瑕疵区域处理

图 4-57　用液化命令调整

（5）选择"多边形套索工具"，将嘴唇部分选中，执行"图像"→"调整"→"色相/饱和度"命令，在"色相/饱和度"对话框中勾选"着色"复选框。调整参数后，按"Ctrl+D"组合键取消选区，如图 4-58 所示。

（6）打开图层面板，创建"图层 2"，将前景色设置为（R：246，G：180，B：180）。选择画笔工具设置画笔大小和硬度，在人物的两颊处涂抹，在图层面板中调整不透明度，给人物加上腮红。最终效果如图 4-54 所示。

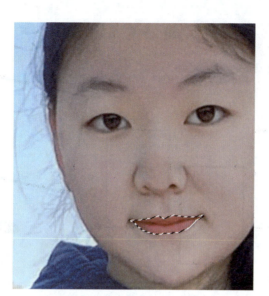

图 4-58　嘴唇部分着色

4.4.3　工作任务 3：制作儿童相册

1. 任务展示

儿童相册效果图如图 4-59 所示。

图 4-59　儿童相册效果图

儿童相册

2. 任务分析

使用选择并移动工具，选择图片，将素材图片复制到背景图层，做变换调整。

3. 任务要点

熟练掌握图像的移动、复制、缩放、变换等命令的使用。

4. 任务实现

（1）打开素材文件中的"背景.psd"文件，如图 4-60 所示。

图 4-60　儿童相册背景图

（2）转换背景图层，如图 4-61 所示，打开"儿童 1. jpg""儿童 2. jpg""儿童 3. jpg""儿童 4. jpg"4 张素材图片。

图 4-61　转换背景图层

（3）单击"儿童 1. jpg"文件标签，选择工具箱中的"移动"工具，拖曳鼠标，把图片拖曳到"背景"文件中，鼠标右下角带"+"后，释放鼠标，如图 4-62 所示。

图 4-62　移动工具

（4）在"图层"面板中，将图片移动后生成的新图层命名为"儿童1"。

（5）调整图层顺序，将相册背景图层调整到顶层。

（6）按"Ctrl+T"组合键或利用"编辑"→"变换"命令中的"缩放"命令，调整儿童照片的大小。注意，拖动控制点时，按下"保持长宽比"按钮 ∞，保持等比例缩放。将图片调整到合适大小，完成后单击工具选项栏上的"确定"按钮 ✓，并移动到合适的位置，如图4-63所示。

（7）其他3张儿童图片操作方法同上，如图4-64所示。

图4-63　图像变换　　　　　　　　　　　　图4-64　图层面板

（8）鼠标直接拖动控制点或按"Ctrl+T"组合键，或可利用"编辑"→"变换"→"旋转"命令，调整最左边儿童照片的旋转角度到合适位置，如图4-65所示。

图4-65　旋转工具

（9）将制作好的儿童相册保存为"儿童相册.jpg"，效果如图4-59所示。

【任务拓展】

4.5 任务拓展

4.5.1 任务拓展 1：画笔应用，去除草地垃圾

1. 任务目的

- 掌握仿制图章工具、修补工具等的使用方法。
- 熟练进行画笔属性设置。

2. 任务内容

应用仿制图章工具或使用画笔绘制草地。

3. 任务步骤

（1）打开素材文件"草地原始素材"。合成的一个重要原则就是不破坏原始素材。按"Ctrl＋J"组合键，新建"图层 1"，选择仿制图章工具，在属性栏的"样本"选项中选取"当前和下方图层"选项，如图 4-66 所示。

去除草地垃圾

图 4-66　样本选取

（2）设置草地形态画笔。首先调整画笔笔尖形状，设置"大小"为"125 像素"，"角度"为"88°"，"圆度"为"20%"，"间距"为"25%"，得到规则的草地画笔。然后添加随机形态，将形状动态选项中的"大小抖动"设置为"30%"，将"角度抖动"的控制设置为"方向"，设置程度为"13%"。最后，将"两轴"控制的散布程度设置为"156%"，如图 4-67 所示。

图 4-67　画笔参数设置

创建画笔，单击"画笔"面板右下角的"创建新画笔"按钮，在"新建画笔"对话框

中保存当前画笔样式为"grass"，单击"确定"按钮，如图4-68所示。

图4-68　新建草地形态画笔

（3）在"图层1"上选择"仿制图章工具"，选择画笔形态为"grass"，按住"Alt"键选取草地某点作为取样点后，沿红色瓶子边缘处进行涂抹，将其去除，如图4-69所示。

图4-69　去除红色瓶子

选择"修补工具"，依次圈选草坪上的其他垃圾，将选区移动到干净的草坪位置，垃圾被草坪取代。保存。对比发现，修正画笔形态后的效果更逼真，如图4-70所示。

图4-70　修补工具使用及最终效果

4.5.2　任务拓展2：制作食品类公众号封面图

1. 任务目的
练习使用移动工具和复制命令，使用变换命令变换图片，使用椭圆工具、文字工具绘制装饰图形并添加文字。

2. 任务内容

使用移动工具和复制命令来添加和复制蔬菜，使用变换命令变换图片大小、做水平翻转等，使用椭圆工具绘制装饰图形，利用直排文字工具添加文字。

3. 任务步骤

制作食品类
公众号封面

（1）单击"文件"→"新建"命令，弹出"新建文栏"对话框，设置文档名称为"制作食品类公众号封面图"，宽度为 1 175，高度为 500，单位为像素，颜色模式为 RGB，分辨率为 72 像素/英寸，背景颜色为白色，如图 4-71 所示。

图 4-71　新建文件

（2）新建文件，输入选择"文件"→"置入嵌入对象"命令，选择"01.jpg"文件，将其拖曳到适当位置，并调整大小，命名为"底图"。选择"文件"→"置入嵌入对象"，选择"04.jpg"文件，将其拖曳到适当位置，并调整大小，命名为"汉堡"，如图 4-72 所示。

图 4-72　置入汉堡

（3）选择"文件"→"置入嵌入对象"命令，选择"02.jpg"文件，将其拖曳到适当的位置，并调整大小，命名为"菜叶"。用选择工具选择菜叶，按住"Alt+Shift"组合键的同时拖曳对象，完成复制。选择左侧菜叶，按"Ctrl+T"组合键，在图像上单击鼠标右键，选择"水平翻转"命令，将其拖曳到适当的位置，并调整大小，如图 4-73 所示。

图4-73　置入菜叶

（4）选择"文件"→"置入嵌入对象"命令，选择"03.jpg"文件，将其拖曳到适当的位置，并调整大小，命名为"红果"，如图4-74所示。

图4-74　置入红果

（5）按住"Alt+Shift"组合键的同时拖曳"红果"，复制图像。用选择工具选择红果，按"Ctrl+T"组合键，在图像上单击鼠标右键，选择"水平翻转"命令，将其拖曳到适当的位置，并旋转到适当的角度，如图4-75所示。

图4-75　复制并翻转

（6）按住"Shift"键的同时单击图层，进行拖曳，调整图层顺序，将需要调整的元素选中，调整位置，如图 4-76 所示。

图 4-76　图层顺序调整

（7）选取图层，单击"创建新的填充或调整图层"按钮，选择"色相/饱和度"命令进行适当调整，如图 4-77 所示。

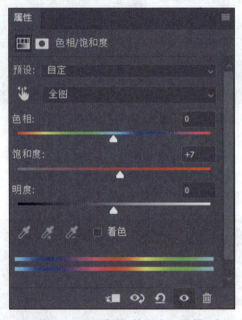

图 4-77　"色相/饱和度"设置

（8）选择"椭圆工具"，在属性栏中进行设置。按住"Shift"键的同时绘制圆形，选择"路径选择"工具，按住"Shift"键的同时进行拖曳，复制圆形。使用相同的方法复制多个圆形。选择"直排文字工具"，输入文字，并设置合适的字体和大小。选取文字，设置字间距，如图 4-78 所示。

图4-78　插入文字

（9）选择"移动"工具，选择"文件"→"置入嵌入对象"命令，选择"05.jpg"文件，将其拖曳到适当的位置，并命名为"文字"。最终效果如图4-79所示。

图4-79　制作食品类公众号封面图最终效果

【任务总结】

通过本工作领域的学习，了解了颜色设置方法及常用绘图工具的使用，掌握并练习了画笔工具的设置方法，并利用画笔绘制图像。练习了图像修复工具、修补工具、擦除工具等图像编辑工具的使用，掌握了复制、删除、裁切、变换等图像编辑方法，为熟练进行图像的绘制和编辑打下了基础。在任务完成的过程中，养成精益求精、严谨、细致的操作习惯，请注意要守正创新，不能做剽窃、抄袭等侵权的违法行为。

【任务评价】

根据下表评分要求和准则，结合学习过程中的表现开展自我评价、小组评价、教师评价，以上三项加权平均计算出最后得分。

考核项	项目要求		评分准则	配分	自评	互评	师评
基本素养（20分）	学习态度（8分）	按时上课，不早退	缺勤全扣，迟到或早退一次扣2分	2分			
		积极思考、回答问题	根据上课统计情况得1~4分	4分			
		执行课堂任务	此为否定项，违反酌情扣10~100分	0分			
		学习用品准备	自己主动准备好学习用品并齐全	2分			
	职业道德（12分）	主动与人合作	主动合作4分，被动合作2分	4分			
		主动帮助同学	能主动帮助同学4分，被动2分	4分			
		严谨、细致	对工作精益求精，效果明显4分；对工作认真2分；其余不得分	4分			
核心技术（40分）	知识点（20分）	1. 颜色设置方法及常用绘图工具使用 2. 画笔工具、画笔面板设置	根据在线课程完成情况得1~10分	10分			
		3. 绘制图像、修饰图像的方法 4. 图像编辑方法	能根据思维导图形成对应知识结构	10分			
	技能点（20分）	1. 熟练掌握绘图工具的操作方法 2. 掌握图像修饰工具的使用	课上快速、准确明确工作任务要求	10分			
		3. 熟练完成图像的编辑、复制、裁切、变换等	清晰、准确完成相关操作	10分			
任务完成情况（40分）	按时保质保量完成工作任务（40分）	按时提交	按时提交得10分；迟交得1~5分	10分			
		内容完成度	根据完成情况得1~10分	10分			
		内容准确度	根据准确程度得1~10分	10分			
		平面设计创意	视见解创意实际情况得1~10分	10分			
合计				100分			
总分【加权平均（自我评价20%，小组评价30%，教师评价50%）】							
小组组长签字			教师签字				

结合老师、同学的评价及自己在学习过程中的表现，总结自己在本工作领域的主要收获和不足，进行星级评定。

评价内容	主要收获与不足	星级评定
平面设计知识层面		☆☆☆☆☆
平面设计技能层面		☆☆☆☆☆
综合素质层面		☆☆☆☆☆

工作领域五

调整图像的色彩与色调

Photoshop 中对图像色彩与色调的控制是图像编辑的关键，它直接关系到图像最后的效果，只有有效地控制图像的色彩与色调，才能制作出高品质图像。Photoshop 提供了非常完美的色彩和色调的调整功能，可以快捷地调整图像的颜色与色调。

【任务目标】

- 了解调整命令的相关知识。
- 掌握色彩的相关知识。
- 掌握图像的明暗调整。
- 掌握图像的色彩调整。
- 掌握特殊色调的调整。
- 通过完成任务，养成严谨、细致的操作习惯。

【任务导图】

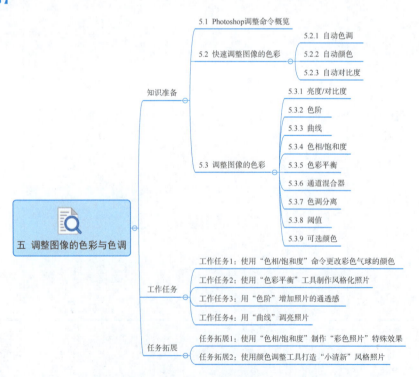

【知识准备】

5.1　Photoshop 调整命令概览

Photoshop 的"图像"菜单中包含用于调整图像色调和颜色的各种命令，如图 5-1 所示。这其中，一部分常用的命令也通过"调整面板"提供给用户，如图 5-2 所示。这些命令主要分为以下 4 种类型。

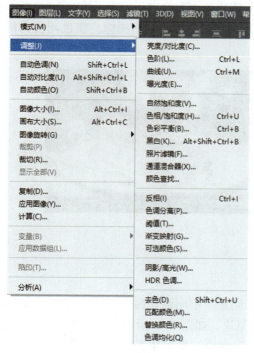

图 5-1　"调整"菜单

图 5-2　调整面板

调整颜色和色调的命令："色阶"和"曲线"命令可以用于调整颜色和色调，它们是最重要、最强大的调整命令；"色相/饱和度"和"自然饱和度"命令用于调整色彩；"阴影/高光"和"曝光度"命令只能用于调整色调。

匹配、替换和混合颜色的命令："匹配颜色""替换颜色""通道混合器"和"可选颜色"命令可以用于匹配多个图像之间的颜色，替换指定的颜色或者对颜色通道做出调整。

快速调整命令："自动色调""自动对比度"和"自动颜色"命令能够用于自动调整图片的颜色和色调，可以进行简单的调整，适合初学者使用；"照片滤镜"和"色彩平衡"是用于调整色彩的命令，使用方法简单且直观；"亮度/对比度"和"色调均化"命令用于调整色调。

应用特殊颜色调整的命令："反相""阈值""色调分离"和"渐变映射"是特殊的颜色调整命令，它们可以用于将图片转换为负片效果、简化为黑白图像、分离色彩或者用渐变颜色转换图片中原有的颜色。

5.2 快速调整图像的色彩

5.2.1 自动色调

"自动色调"命令可以自动调整图像中的黑场和白场，将每个颜色通道中最亮和最暗的像素映射到纯白（色阶为255）和纯黑（色阶为0）。中间像素值会按比例重新分布，增强图像对比度。

有时由于拍摄技术或光线等原因，所拍摄的照片色调有些发灰，为了快速调整照片的颜色，可执行"图像"→"自动色调"命令，Photoshop会自动调整图像，使色调变得清晰，如图5-3所示。

图5-3　自动色调效果示例

5.2.2 自动颜色

"自动颜色"命令可以通过搜索图像来标识阴影、中间调和高光，从而调整图像的对比度和颜色，可以使用该命令来矫正出现色偏的照片。如图5-4所示，这两张照片的颜色有不同程度的偏色，执行"图像"→"自动颜色"命令，即可矫正颜色。该命令可以改进彩色图像的外观，但无法改善单色调颜色的图像。

图5-4　自动颜色效果示例

5.2.3 自动对比度

"自动对比度"命令可以自动调整图像的对比度，使高光看上去更亮，阴影看上去更暗。图5-5所示是一张色调有些发灰的照片和执行"自动对比度"之后的效果。

图5-5　自动对比度效果示例

"自动对比度"命令不会单独调整通道，它只调整色调，而不会改变色彩平衡，因此也就不会产生色偏，但也不能用于消除色偏。该命令可以改进彩色图像的外观，无法改善单色调颜色的图像。

5.3　调整图像的色彩

通过调整图像的色彩，可以修复有色彩缺陷的照片，从而将普通的照片调整为具有艺术感的效果。在做图像处理时，调整图像的色彩是必要环节，可以使用亮度/对比度、色相/饱和度、黑白、反相、去色等命令。同时，可以将几种命令结合使用，呈现出意想不到的效果。

5.3.1　亮度/对比度

"亮度/对比度"命令可以对图像的色调范围进行调整，它的使用方法十分简单。打开一张图片，如图5-6所示，执行"图像"→"调整"→"亮度/对比度"命令，打开"亮度/对比度"对话框，向左拖动滑块，可降低亮度和对比度，向右拖动滑块，可增加亮度和对比度。如果在对话框中勾选"使用旧版"选项，则可以得到与Photoshop CS3以前的版本相同的调整结果。

（a）

图5-6　亮度/对比度效果示例

（b）

图 5-6　亮度/对比度效果示例（续）

5.3.2　色阶

"色阶"命令经常是在扫描完图像以后调整颜色的时候使用的，它可以对亮度过暗的照片进行充分的颜色调整。应用"色阶"命令后，在弹出的"色阶"对话框中会显示直方图，利用下端的滑块可以调整颜色。左边滑块代表阴影，中间滑块代表中间色，右边滑块则代表高光，如图 5-7 所示。

图 5-7　色阶

①"预设"下拉列表：利用此下拉列表可根据 Photoshop 预设的色彩调整选项对图像进行色彩调整。

②"通道"下拉列表：可以在整个颜色范围内对图像进行色调调整，也可以单独编辑特定的颜色色调。

③输入色阶：输入数值或者拖动直方图下端的 3 个滑块，以高光、中间色、阴影为基准调整颜色对比，如图 5-8 所示。

④输出色阶：在调节亮度的时候使用，与图像的颜色无关。

⑤自动：单击"自动"按钮，可以将高光和暗调滑块自动移动到最亮点和最暗点。

⑥颜色吸管：设置图像的颜色。

设置黑场：通过将黑色吸管选定的像素被设置为阴影像素，改变亮度值。

设置灰点：通过将灰色吸管选定的像素被设置为中间亮度的像素，改变亮度值。

设置白场：通过将白色吸管选定的像素被设置为中间亮度的像素，改变亮度值。

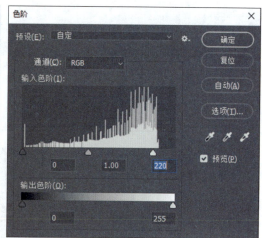

向左拖动高光滑块，图像中亮的部分会变得更亮

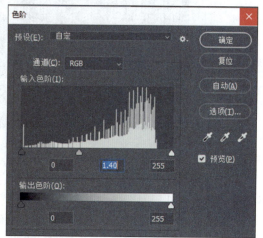

向左拖动中间滑块，图像会整体变亮

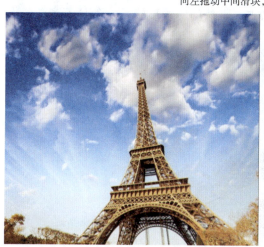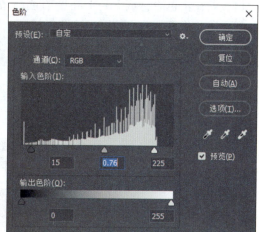

向右拖动阴影滑块，图像中阴影部分会变得更暗；向左拖动高光滑块，图像中亮的部分会变得更亮；向右拖动中间滑块，图片整体变暗；结合起来可以得到颜色对比非常强烈的图像

图 5-8　色阶效果示例

5.3.3 曲线

　　Photoshop 可以调整图像的整个色调范围及色彩平衡。应用"曲线"命令后，在弹出的"曲线"对话框中可以利用曲线精确地调整颜色。查看"曲线"对话框的曲线框，可以看到，曲线根据颜色的变化被分成上端的高光、中间部分的中间色和下端的阴影 3 个区域，如图 5-9 所示。

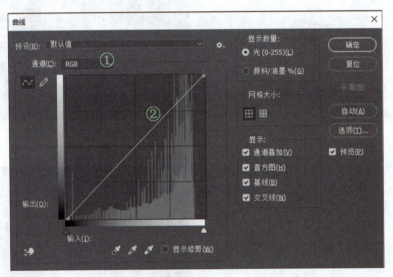

图 5-9　曲线

　　①"通道"下拉列表：若要调整图像的色彩平衡，可以在"通道"下拉列表中选取所要调整的通道，然后对图像中某一个通道的色彩进行调整。

　　②曲线：水平轴（输入色阶）代表原图像中像素的色调分布，初始时分成了 5 个带，从左到右依次是暗调（黑）、1/4 色调、中间色调、3/4 色调、高光（白）；垂直轴代表新的颜色值，即输出色阶，从下到上亮度值逐渐增加。默认的曲线形状是一条从下到上的对角线，表示所有像素的输入与输出色调值相同。调整图像色调的过程就是通过调整曲线的形状来改变像素的输入和输出色调，从而改变整个图像的色调分布。

　　将曲线向上弯曲会使图像变亮，将曲线向下弯曲会使图像变暗。曲线上比较陡直的部分代表图像对比度较大的区域；相反，曲线上比较平缓的部分代表图像对比度较小的区域，如图 5-10 所示。

原图

（a）

图 5-10　曲线效果示例

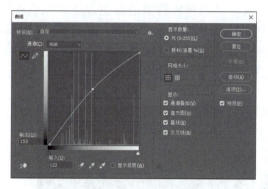

（b）

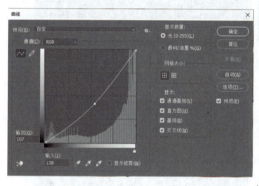

（c）

图 5-10　曲线效果示例（续）

　　默认状态下，在"曲线"对话框中，移动曲线顶部的点主要是调整高光；移动曲线中间的点主要是调整中间调；移动曲线底部的点主要是调整暗调。

5.3.4 色相/饱和度

　　打开一个文件，执行"图像"→"调整"→"色相/饱和度"命令，打开"色相/饱和度"对话框，如图 5-11 所示。对话框中有"色相""饱和度"和"明度"3 个滑块，拖曳相应的滑块可调整颜色的色相、饱和度和明度。

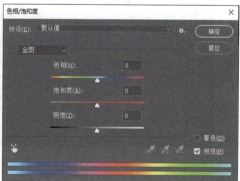

图 5-11　色相/饱和度

"调整"选项中，单击三角按钮，在下拉列表可以选择要调整的颜色。选择"全图"，然后拖曳下面的滑块，可以调整图像中所有颜色的色相、饱和度和明度，如图 5-12 所示；选择"全图"右侧的下拉箭头选项，则可单独调整红色、黄色、绿色和青色等颜色的色相、饱和度和明度。图 5-13 所示为只调整红色的效果。

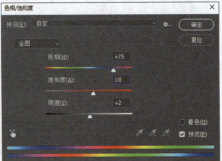

图 5-12　色相/饱和度调整青绿效果

图 5-13　色相/饱和度调整橙红效果

5.3.5　色彩平衡

"色彩平衡"命令是一种利用颜色滑块调整颜色均衡的功能。在"色彩平衡"对话框中，拖动 3 个颜色滑块到需要的颜色上，就可以调整颜色，默认值为 0，如图 5-14 所示。

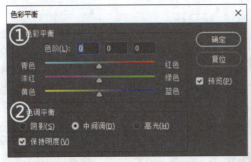

图 5-14　色彩平衡

①色彩平衡：调整颜色均衡。
色阶：输入色阶的数量。

颜色滑块：拖动滑块，可以添加或取消颜色。

②色调平衡：调整色调平衡。可以在阴影、中间调、高光中选择，勾选"保持明度"选项后，就可以在保持图像的亮度和对比度的状态下只调整颜色。

如果想将图像的色调变为黄色，可以分别向红色、绿色方向拖动滑块，如图5-15所示。

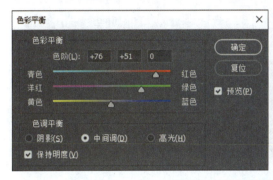

图5-15　色彩平衡调整暖色效果

如果想将图像的色调变为蓝色，可以分别向青色、蓝色方向拖动滑块，如图5-16所示。

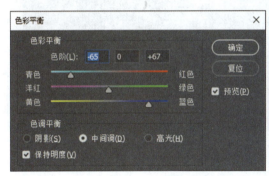

图5-16　色彩平衡调整冷色效果

5.3.6　通道混合器

"通道混合器"命令的功能是利用保存颜色信息的通道来混合通道颜色，改变图像颜色。

"通道混合器"对话框中的"输出通道"和"源通道"是与图像的通道面板有关联的基本通道，根据图像的颜色构成会显示出不同的通道，如图5-17所示。"单色"选项是将图像的颜色调整为黑色。

图5-17　通道混合器

将"通道"设置为"红"以后，在"源通道"中将"红色"数值设置为200%，然后调整"绿色"滑块，将数值降低到–150%，"红色"色系的颜色就会被删除，如图5-18所示。

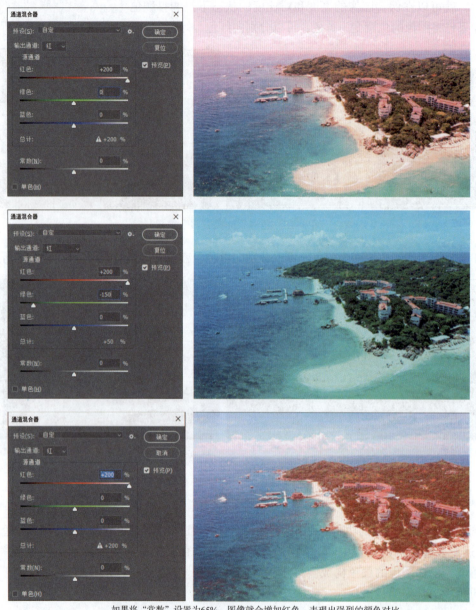

如果将"常数"设置为65%，图像就会增加红色，表现出强烈的颜色对比

图5-18　通道混合器效果示例

5.3.7　色调分离

"色调分离"命令可以按照指定的色阶数减少图像的颜色（或灰度图像中的色调），从而简化图像内容。该命令适合创建大的单调区域，或者在彩色图像中产生有趣的效果。打开一张照片，执行"图像"→"调整"→"色调分离"命令，打开"色调分离"对话框。如果要得到简化的图像，可以降低色阶值；如果要显示更多的细节，则增加色阶值。如果使用

"高斯模糊"或"去斑"滤镜对图像进行轻微的模糊，再进行色调分离，就可以得到更少、更大的色块，如图 5-19 所示。

原图　　　　　　　　执行"色调分离"命令后　　　　使用高斯模糊滤镜后再执行色调分离

图 5-19　色调分离效果示例

5.3.8　阈值

"阈值"命令的功能是将图像变为黑色状态。在 0~255 的亮度值中，以中间值 128 为基准，数值越小，颜色越接近白色；数值越大，颜色越接近黑色，如图 5-20 所示。

原图像

阈值色阶：128　　　　　　　　　　　　阈值色阶：60

图 5-20　阈值效果示例

5.3.9　可选颜色

"可选颜色"命令的功能是在构成图像的颜色中选择特定的颜色进行删除，或者与其他颜色混合来改变颜色。另外，还提供了以红色、青色、洋红、黄色、黑色等为基准色，来添加或删除颜色，调整混合墨水量的方法功能，如图 5-21 所示。

图 5-21　可选颜色

①颜色：设置要改变图像的颜色。

②方法：该选项可以设置墨水的量，包括相对和绝对两个选项。

将"颜色"项设置为"红色"，将"洋红"项的数值降低到-100，就会将原有的红色表现出发黄的效果，如图 5-22 所示。

图 5-22　可选颜色调整水果青涩效果

将"颜色"项设置为"黄色"，将"青色"项的数值增加到+100，将"洋红"项的数值降低到-100，就会将原有图像表现出发绿的效果，如图 5-23 所示。

图 5-23　可选颜色调整水果成熟效果

【工作任务】

5.4　工作任务

5.4.1　工作任务1：使用"色相/饱和度"命令更改彩色气球的颜色

1. 任务展示

彩色气球如图5-24所示。

（a）　　　　　　　　　　　　（b）

图5-24　彩色气球

（a）原图；（b）效果图

2. 任务分析

使用"色相/饱和度""快速选择工具"等命令，更改彩色气球的颜色，最终效果如图5-24所示。

3. 任务要点

掌握"色相/饱和度"的使用方法。

4. 任务实现

（1）按下"Ctrl+O"组合键，打开"彩色气球"素材文件。

（2）使用"快速选择工具" ，选出图中气球的橙白色区域，可以配合加选快捷键"Shift"和减选快捷键"Alt"，保证所选区域准确无误，按下"Ctrl+J"组合键，将选区内容复制为单独的图层，如图5-25所示。

使用"色相饱和度"命令更改彩色气球的颜色

图5-25　使用快速选择工具抠取彩色气球

（3）选择图层 2，按下"Ctrl+U"组合键，打开"色相/饱和度"对话框，设置参数，调整色相和饱和度，单击"确定"按钮，使图层 2 内的气球变为紫红色，并更加鲜艳，如图 5-26 所示。

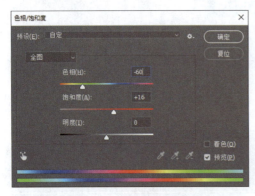

图 5-26　使用色相/饱和度调整气球颜色

（4）如果发现气球周围有颜色溢出，可以先载入图层 2 的选区，并按下"Ctrl+Shift+I"组合键，执行反选命令，然后多次按下"Delete"键适当删除边缘颜色，最后取消选区，从而获得更好的效果。

5.4.2　工作任务 2：使用"色彩平衡"工具制作风格化照片

1. 任务展示

制作风格化照片，如图 5-27 所示。

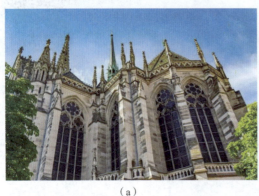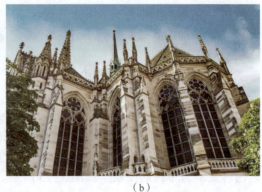

（a）　　　　　　　　　　　　　　　　　（b）

图 5-27　制作风格化照片

（a）原图；（b）效果图

2. 任务分析

使用"色相饱和度"工具降低图片饱和度，使用"曲线"工具加强对比度，使用"色彩平衡"工具调出照片的风格化效果。

3. 任务要点

灵活使用不同的色彩工具处理图像。

学会使用调整图层。

使用"色彩平衡"工具
制作风格化照片

熟练应用色彩平衡工具建立色彩风格。

4. 任务实现

（1）按"Ctrl+O"组合键，打开素材"使用'色彩平衡'工具制作风格化照片"文件，先按下"Ctrl+J"组合键，将背景层复制一层，保留原始效果，再进行操作，如图5-28所示。

图 5-28　图层示例

（2）按"Ctrl+U"组合键，打开"色相/饱和度"工具对话框，将图像的饱和度改为-50，以减弱照片的色彩鲜艳度，如图5-29所示。

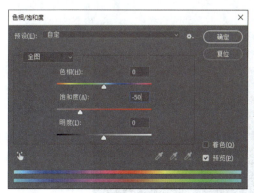

图 5-29　调整色相/饱和度效果

（3）按"Ctrl+M"组合键，打开"曲线"工具对话框，调整曲线形状为S形，单击"确定"按钮，加强照片的对比度，效果如图5-30所示。

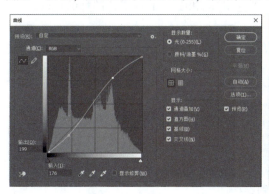

图 5-30　调整曲线效果

（4）在"图层"面板中，单击"创建新的填充或调整图层"按钮，在弹出的下拉菜单中，选择"色彩平衡"命令，就会新建一个调整图层。设置相关参数之后，就会改变图像的色调，制作出风格化的照片效果，如图5-31所示。可以尝试设置不同的参数，调整出满意的风格化色调。

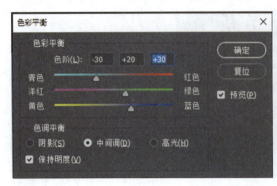

图 5-31 调整色彩平衡效果

5.4.3 工作任务3：用"色阶"增加照片的通透感

1. 任务展示

效果图如图5-32所示。

用"色阶"增加
照片的通透感

图 5-32 效果图

2. 任务分析

使用"色阶"工具调整照片的影调，使用"色相/饱和度"工具调整照片的色彩。

3. 任务要点

学习并理解"色阶"的用法，看懂色阶的直方图。

4. 任务实现

（1）按"Ctrl+O"组合键，打开素材"用'色阶'增加照片的通透感"文件，如图5-33所示。

（2）按下"Ctrl+L"组合键，然后打开"色阶"对话框，如图5-34所示。可以看到，直方图呈现三角形，山脉都在中间偏左，说明

图 5-33 素材

高光区域严重缺失，阴影区域也不足，图片整体严重发灰。因此，向左侧拖曳右侧暗部滑块，向右侧拖曳左侧亮部滑块，让亮部更亮，暗部更暗，将照片的对比度增强，使照片变得更加通透，如图 5-34 所示。最后按下"Enter"键确认调整，此时可以观察到图像色彩比较寡淡。

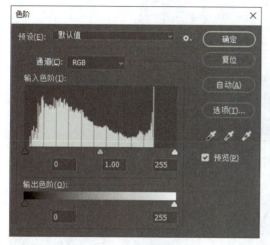
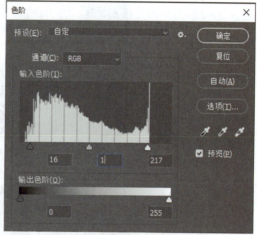

图 5-34　调整色阶效果

（3）按"Ctrl+U"组合键打开"色相/饱和度"对话框，然后提高全图色彩的"饱和度"为+20，接着分别调整红色的饱和度为+20，黄色的饱和度为+20，如图 5-35 所示，最后单击"确定"按钮。

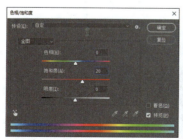

图 5-35　调整色相/饱和度示例

（4）现在色彩比较鲜艳了，如图 5-36 所示。但照片中的暗部有些杂乱，再次按下"Ctrl+

L"组合键，打开"色阶"对话框，将中间滑块向右拖曳，使照片往暗部偏移，降低暗部细节，突出叶片主体，使画面更加统一，如图 5-37 所示。

图 5-36　调整色相/饱和度效果

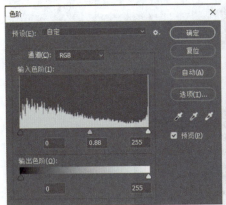

图 5-37　调整色阶效果

5.4.4　工作任务 4：用"曲线"调亮照片

1. 任务展示
效果图如图 5-38 所示。

图 5-38　效果图

用"曲线"调亮
照片

2. 任务分析

使用"曲线"工具调亮欠曝照片，使用"自然饱和度"工具调整照片的色彩。

3. 任务要点

学习"曲线"工具的用法，学会使用图层的"创建新的填充或调整图层"方法。

4. 任务实现

（1）按"Ctrl+O"组合键，打开素材"用'曲线'调亮照片"文件，如图 5-39 所示，可以看到画面很暗，导致阴影区域的细节非常少。

（2）按"Ctrl+J"组合键复制"背景"图层，得到"图层 1"。然后将它的"混合模式"改为"滤色"，提高图像的整体亮度，如图 5-40 所示。

图 5-39　素材

图 5-40　更改混合模式

（3）单击"图层面板"下方的"创建新的填充或调整图层"按钮，选择"曲线"，创建一个"曲线 1"调整图层，然后在曲线上添加三个控制点，将下方的点向上拖曳，提高照片中暗部的亮度，将上方的点轻微往下拖曳，恢复天空中亮部的细节，中间点微微调整，如图 5-41 所示。

图 5-41　调整曲线效果

（4）此时照片的颜色比较暗淡，单击"图层面板"下方的"创建新的填充或调整图层"按钮，选择"自然饱和度"，创建一个"自然饱和度 1"调整图层，将"自然饱和度"调整为+77，提升照片的鲜艳度，如图 5-42 所示。

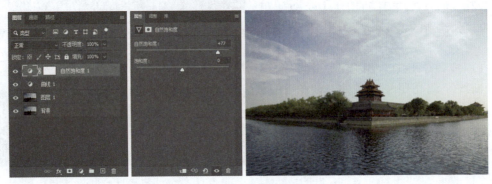

图 5-42　调整自然饱和度效果

（5）最后，发现照片中云层的亮部不够白，整体有些发灰，再次单击"创建新的填充或调整图层"中的"曲线"，创建"曲线 2"调整图层，将曲线最上面的点向左拉动，提升照片中高光的亮度，照片就会变得更加通透，如图 5-43 所示。

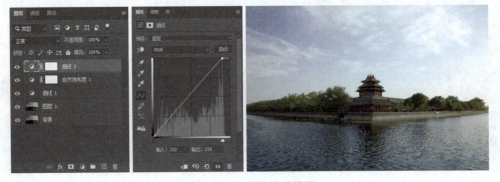

图 5-43　调整曲线后效果

【任务拓展】

5.5　任务拓展

5.5.1　任务拓展 1：使用"色相/饱和度"制作"彩色照片"特殊效果

效果图如图 5-44 所示。

1. 任务目的
- 掌握各种工具的统筹运用。
- 掌握"色相/饱和度"工具的运用。

2. 任务内容

制作"彩色照片"的特殊效果。

使用"色相/饱和度"
制作"彩色照片"特殊效果

图 5-44　效果图

3. 任务步骤

（1）按"Ctrl+O"组合键，打开素材"使用'色阶/饱和度'制作彩色照片特殊效果"文件。按"Ctrl+J"组合键，将背景图层复制出"图层 1"，如图 5-45 所示。

图 5-45　图层示例

（2）按下"Ctrl+Shift+N"组合键，弹出"新建图层"对话框，单击"确定"按钮，新建"图层 2"，如图 5-46 所示。单击"矩形选框工具"，在照片上框出狗狗的区域，按下"Ctrl+Delete"组合键，在"图层 3"上填充为白色，按下"Ctrl+D"组合键取消选区，如图 5-47 所示。

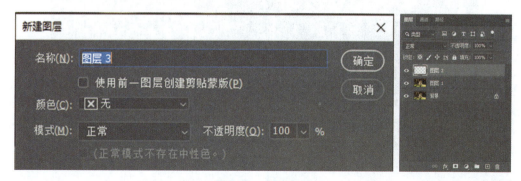

图 5-46　新建图层

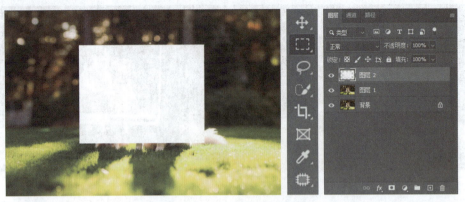

图 5-47　新建矩形并填充

（3）再次按下"Ctrl+Shift+N"组合键，弹出"新建图层"对话框，单击"确定"按钮，新建"图层 3"。单击"矩形选框工具"，在照片上框出相纸的画面区域。按下"Alt+Delete"组合键，在"图层 3"上填充黑色（除白色外的其他颜色都可以），然后按下"Ctrl+D"组合键取消选区，如图 5-48 所示。

图 5-48　制作黑色面板效果

（4）此时，相框整体太过平整，缺乏生动。按下"Shift"键加选"图层 2"，按下"Ctrl+T"组合键向上旋转 1.7°左右，然后按"Enter"键，如图 5-49 所示。

图 5-49　旋转效果

（5）按住"Ctrl"键，单击"图层 3"，激活选区，然后在"图层 2"上按"Delete"键，此时图层 3 已做出白色相框。继续选择"图层 1"，在图层面板下单击"添加图层蒙版"按钮，建立蒙版。然后将"图层 3"拖至图层面板下的垃圾桶上，将其删除，此时已做出相框，如图 5-50 所示。

图 5-50　相片效果

（6）选择"背景"图层，按下"Ctrl+U"组合键执行"色相/饱和度"命令，在弹出的对话框中将饱和度降为-95，单击"确定"按钮，如图 5-51 所示。

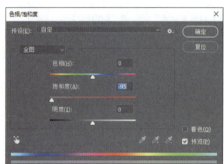

图 5-51　降低背景饱和度

（7）右键单击左边工具栏上的"文字"工具，选择"横排文字工具"，在相框下方的留白处创建文字"Wonderful World of Color　2022/4/23"，字体为"Impact"，文字大小为"35"。按"Ctrl+T"组合键，将文字图层旋转 1.7°，与画框的倾斜一致，如图 5-52 所示。

图 5-52　添加文字效果

5.5.2 任务拓展 2：使用颜色调整工具打造"小清新"风格照片

效果图如图 5-53 所示。

图 5-53　效果图　　　　　　　　　　　　　　　使用颜色调整工具打造
　　　　　　　　　　　　　　　　　　　　　　　　"小清新"风格照片

1. 任务目的

练习"曲线""色彩平衡""可选颜色""自然饱和度"等工具的使用，将本工作领域所学内容融会贯通。

2. 任务内容

使用"曲线""色彩平衡""可选颜色""自然饱和度"等工具将普通照片调整成小清新效果。

3. 任务步骤

（1）按"Ctrl+O"组合键，打开素材"使用颜色调整工具打造'小清新'风格照片"文件，按"Ctrl+J"组合键，将背景图层复制出"图层 1"，如图 5-54 所示。

图 5-54　复制图层

（2）首先，观察到照片的色彩比较鲜艳，不符合清新淡雅的效果，因此，单击"图层面板"下方的"创建新的填充或调整图层"按钮，选择"自然饱和度"，将"自然饱和度"设为-40，"饱和度"设为-5，如图5-55所示。

图 5-55　调整自然饱和度

（3）观察照片，发现照片中的植物非常绿，我们让植物的颜色往青色偏移。单击"图层面板"下方的"创建新的填充或调整图层"按钮，选择"色彩平衡"，在"中间调"下，设置青色/红色为-50、洋红/绿色为+10、黄色/蓝色为+30，如图5-56所示。

图 5-56　调整色彩平衡

（4）此时人物肤色也偏青色了，需修复一下肤色，切换到"高光"，设置青色/红色为+35；再切换到"阴影"，设置青色/红色为−30，进一步加强青蓝色调，如图5−57所示。

图 5−57　修复肤色

（5）单击"图层面板"下方的"创建新的填充或调整图层"按钮，选择"曲线"，将曲线向下拉动，稍微降低照片整体亮度，如图5−58所示。

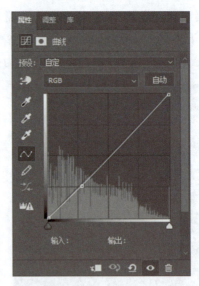

图 5−58　调整曲线

（6）最后，进一步调整照片的色彩，打造"小清新"风格。单击"图层面板"下方的"创建新的填充或调整图层"按钮，选择"可选颜色"。首先，颜色设置为"红色"，设置青色−80、洋红+80、黄色+100、黑色−20，提升肤色质感；颜色设置为"绿色"，设置青色+23、洋红−11、黄色−12，提升绿色植物的清新感，如图5−59所示。

图 5-59　调整可选颜色

【任务总结】

通过本工作领域的学习，了解了调整图像色彩与色调的相关知识和技巧，掌握并练习了亮度/对比度、色相/饱和度、色阶、曲线、可选颜色等基本操作工具的使用，为熟练调整图像的色彩、色调打下了基础。在任务完成的过程中，请同学们敢于尝试，精于研究，擅于举一反三，注重制作思路。

【任务评价】

根据下表评分要求和准则，结合学习过程中的表现开展自我评价、小组评价、教师评价，以上三项加权平均计算出最后得分。

考核项	项目要求		评分准则	配分	自评	互评	师评
基本素养（20分）	学习态度（8分）	按时上课，不早退	缺勤全扣，迟到早退一次扣2分	2分			
		积极思考、回答问题	根据上课统计情况得1~4分	4分			
		执行课堂任务	此为否定项，违反酌情扣10~100分	0分			
		学习用品准备	自己主动准备好学习用品并齐全	2分			
	职业道德（12分）	主动与人合作	主动合作4分，被动合作2分	4分			
		主动帮助同学	能主动帮助同学4分，被动2分	4分			
		严谨、细致	对工作精益求精，效果明显4分；对工作认真2分；其余不得分	4分			
核心技术（40分）	知识点（20分）	1. 快速调整图像色彩的工具	根据在线课程完成情况得1~10分	10分			
		2. 调整图像的色彩与色调的工具	能根据思维导图形成对应知识结构	10分			
	技能点（20分）	1. 熟练掌握各种调整工具的基本操作	课上快速、准确明确工作任务要求	10分			
		2. 熟练运用调整工具完成图像的编辑	清晰、准确完成相关操作	10分			
任务完成情况（40分）	按时保质保量完成工作任务（40分）	按时提交	按时提交得10分；迟交得1~5分	10分			
		内容完成度	根据完成情况得1~10分	10分			
		内容准确度	根据准确程度得1~10分	10分			
		平面设计创意	视见解创意实际情况得1~10分	10分			
合计				100分			
总分【加权平均（自我评价20%，小组评价30%，教师评价50%）】							
小组组长签字			教师签字				

结合老师、同学的评价及自己在学习过程中的表现，总结自己在本工作领域的主要收获和不足，进行星级评定。

评价内容	主要收获与不足	星级评定
平面设计知识层面		☆☆☆☆☆
平面设计技能层面		☆☆☆☆☆
综合素质层面		☆☆☆☆☆

工作领域六

路径和文字

Photoshop 的图形绘制功能非常强大。本工作领域将详细讲解 Photoshop 的路径功能和文字应用。读者通过学习，要能够根据设计制作任务的需要，绘制出精美的图形，并能为绘制的图形添加丰富的视觉效果。文字是设计作品的重要组成部分，它不仅可以传达信息，还能起到美化版面、强化主题的作用。Photoshop 提供了多个用于创建文字的工具，文字的编辑方法也非常灵活。

【任务目标】

- 绘制图形。
- 绘制和选取路径。
- 掌握文字的创建与编辑。
- 掌握文字的变形效果。
- 在路径上创建并编辑文字。
- 通过完成任务，养成严谨、细致的操作习惯。

【任务导图】

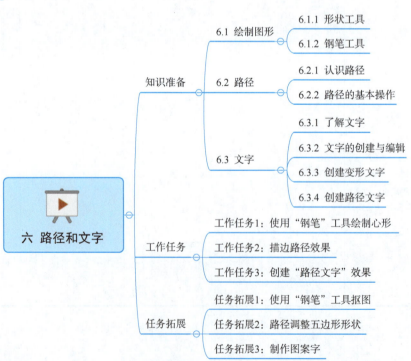

【知识准备】

6.1 绘制图形

路径工具极大地加强了 Photoshop 处理图像的能力，它可以用来绘制路径、层剪切路径和填充区域。

6.1.1 形状工具

形状工具如图 6-1 所示。

1. 矩形工具

选择"矩形"工具，或反复按"Shift+U"组合键，其属性栏状态如图 6-2 所示。

形状/路径/像素：用于选择创建外形层、创建工作路径或填充区域。填充：用于设定图形的颜色。描边：用于控制矩形的边缘样式。W/H：用于控制矩形的边长。其他：用于控制矩形的组合方式。

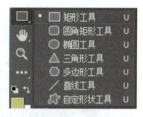

图 6-1 形状工具

图 6-2 矩形工具属性栏

原始图像效果如图 6-3（a）所示。在图像中绘制矩形，效果如图 6-3（b）所示。"图层"控制面板中的效果如图 6-3（c）所示。

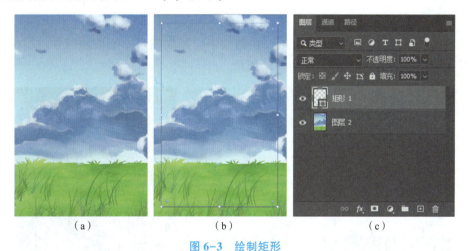

（a）　　　　　　　　　　（b）　　　　　　　　　　（c）

图 6-3 绘制矩形

2. 圆角矩形工具

选择"圆角矩形"工具，或反复按"Shift+U"组合键，其属性栏状态如图 6-4 所示。其属性栏中的内容与"矩形"工具属性栏的选项内容类似，只增加了"设置圆角的半径"

选项，用于设定圆角矩形的平滑程度，数值越大越平滑。

图 6-4　圆角矩形工具的属性栏

原始图像效果如图 6-5（a）所示。将半径选项设定为 40 像素，在图像中绘制圆角矩形，效果如图 6-5（b）所示。"图层"控制面板中的效果如图 6-5（c）所示。

（a）　　　　　　　　　（b）　　　　　　　　　（c）

图 6-5　更改矩形圆角

3. 椭圆工具

选择"椭圆矩形"工具，或反复按"Shift+U"组合键，其属性栏状态如图 6-6 所示。

图 6-6　椭圆工具属性栏

原始图像效果如图 6-7（a）所示。在图像中绘制椭圆形，效果如图 6-7（b）所示。"图层"控制面板中的效果如图 6-7（c）所示。

（a）　　　　　　　　　（b）　　　　　　　　　（c）

图 6-7　绘制椭圆

4. 多边形工具

选择"多边形"工具，或反复按"Shift+U"组合键，其属性栏状态如图 6-8 所示。其属性栏中的内容与"圆角矩形"工具属性栏的选项内容类似，只增加了"设置边数"选项，用于设定多边形的边数。

图 6-8　多边形工具属性栏

原始图像效果如图 6-9（a）所示。单击"多边形"工具，在属性栏中将"填充"改为"无颜色"，然后绘制多边形，效果如图 6-9（b）所示。"图层"控制面板中的效果如图 6-9（c）所示。

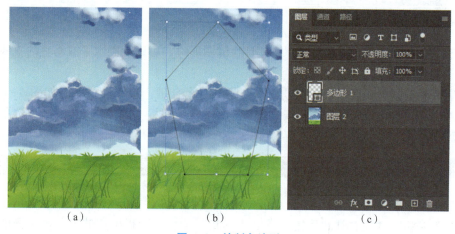

（a）　　　　　　　　　　（b）　　　　　　　　　　（c）

图 6-9　绘制多边形

5. 直线工具

选择"直线"工具，或反复按"Shift+U"组合键，其属性栏状态如图 6-10 所示。其属性栏中的内容与"矩形"工具属性栏的选项内容类似。

图 6-10　直线工具属性栏

单击 ⚙ 按钮，弹出"路径选项"和"箭头"面板，如图 6-11 所示。

起点：用于选择箭头位于线段的始端。终点：用于选择箭头位于线段的末端。宽度：用于设定箭头宽度和线段宽度的比值。长度：用于设定箭头长度和线段长度的比值。凹度：用于设定箭头凹凸的形状。

原图效果如图 6-12（a）所示。在图像中绘制不同效果的直线，如图 6-12（b）所示。"图层"控制面板中的效果如图 6-12（c）所示。

图 6-11　调整路径属性

图 6-12　绘制线段

技巧：按住"Shift"键，应用直线工具绘制图形时，可以绘制水平或垂直的直线。

6. 自定形状工具

选择"自定形状工具"，或反复按"Shift+U"组合键，其属性栏状态如图 6-13 所示。其属性栏中的内容与"矩形"工具属性栏的选项内容类似，只增加了"形状"选项，用于选择所需的形状。

图 6-13　自定形状属性栏

单击"形状"选项右侧的按钮，弹出"形状"面板，面板中存储了可供选择的各种不规则形状。

原始图像效果如图 6-14（a）所示。在图像中绘制形状图形，效果如图 6-14（b）所示。"图层"控制面板中的效果如图 6-14（c）所示。

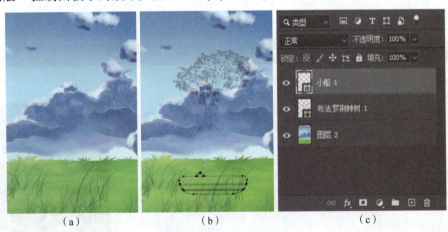

图 6-14　绘制自定形状

可以应用"定义自定形状"命令来制作并定义形状。使用"钢笔"工具在图像窗口中绘制路径并填充路径，如图 6-15 所示。

图6-15 绘制自定形状

选择菜单"编辑"→"定义自定形状"命令，弹出"形状名称"对话框，在"名称"选项的文本框中输入自定形状的名称，如图6-16（a）所示。单击"确定"按钮，在"形状"选项面板中将会显示刚才定义的形状，如图6-16（b）所示。

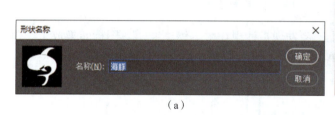

（a）

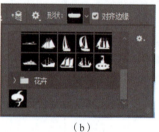

（b）

图6-16 存储自定形状

6.1.2 钢笔工具

1. 钢笔工具的使用

钢笔工具用于在 Photoshop 中绘制路径。下面具体讲解钢笔工具的使用方法和操作技巧。

启用"钢笔"工具的方法：

（1）单击工具箱中的"钢笔"工具。

（2）反复按"Shift+P"组合键。

下面介绍与钢笔工具相配合的功能键。

按住"Shift"键，创建锚点时，会强迫系统以45°角或45°角的倍数绘制路径。按住"Alt"键，当鼠标指针移到锚点上时，指针暂时由"钢笔"工具图标转换成"转换点"工具图标。

按住"Ctrl"键，鼠标指针暂时由"钢笔"工具图标转换成直接选择工具图标。

使用钢笔工具：建立一个新的图像文件，选择"钢笔"工具，在钢笔工具属性栏中选择"路径"，这样使用"钢笔"工具绘制的将是路径。如果选择"形状图层"，将绘制出形状图层。勾选"自动添加/删除"复选框。钢笔工具的属性栏如图 6-17 所示。

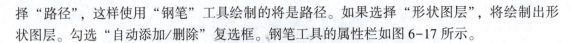

图 6-17 钢笔工具属性栏

在图像中任意位置单击，将创建出第 1 个锚点，将鼠标指针移动到其他位置再单击，则创建第 2 个锚点，两个锚点之间自动以直线连接。再将鼠标指针移动到其他位置单击，出现了第 3 个锚点，系统将在第 2、3 个锚点之间生成一条新的直线路径，效果如图 6-18 所示。

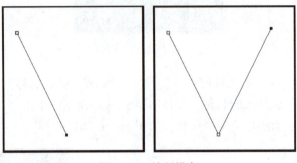

图 6-18 绘制锚点

将鼠标指针移至第 2 个锚点上，会发现指针现在由"钢笔"工具图标转换成了"删除锚点"工具图标，在第 2 个锚点上单击，即可将第 2 个锚点删除，效果如图 6-19 所示。

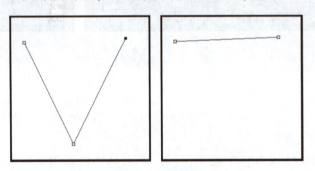

图 6-19 删除锚点

用"钢笔工具"单击建立的锚点并按住鼠标左键，拖曳鼠标，建立曲线段和曲线锚点，效果如图 6-20（a）所示。松开鼠标左键，按住"Alt"键，用"钢笔工具"图标的指针单击刚建立的曲线锚点，将其转换为直线锚点，在其他位置再次单击建立下一个新的锚点，可在曲线段后绘制出直线段，效果如图 6-20（b）所示。

2. 自由钢笔工具

使用"自由钢笔工具"可以绘制出比较随意的图形，就像用钢笔在纸上绘图一样，如图 6-21 所示。在绘图时，将自动添加锚点，无须确定锚点，无须确定锚点的位置，完成路径后，可进一步对其进行调整。

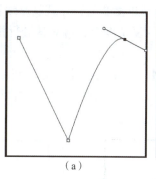
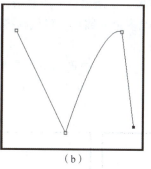

（a）　　　　　　　　　（b）

图 6-20　绘制直线段

图 6-21　自由钢笔工具绘制图形

3. 添加锚点工具

使用"添加锚点工具"可以在路径上添加锚点。将光标放在路径上，当光标变成"钢笔+"形状时，单击即可添加一个锚点，如图 6-22 所示；如果单击并拖动鼠标，可以同时调整路径形状。

4. 删除锚点工具

使用"删除锚点工具"可以删除路径上的锚点。将光标放在锚点上，当光标变成"钢笔-"形状时，单击即可删除锚点，如图 6-23 所示。

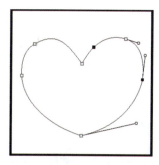
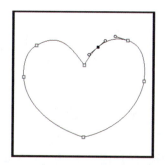

图 6-22　添加锚点工具　　　　　　　**图 6-23　删除锚点工具**

路径上的锚点越多，这条路径就越复杂，而越复杂的路径就越难编辑，这时最好先使用"删除锚点工具"删除多余的锚点，降低路径的复杂度后，再对其进行相应的调整。

5. 转换点工具

"转换点工具"主要用来转换锚点的类型。在平滑点上单击，可以将平滑点转换为角点，如图 6-24 所示。如果当前锚点为角点，单击并拖动鼠标可将其转换为平滑点，如图 6-25 所示。

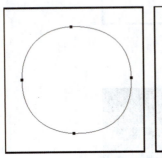 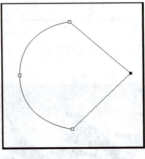

图 6-24　转换点工具转换角点　　　　图 6-25　角点转换为平滑点

6.2　路　径

6.2.1　认识路径

路径是一种轮廓，它主要有 4 个用途：可以使用路径作为矢量蒙版来隐藏图层区域；将路径转换为区；可以将路径保存在"路径"面板中，以备随时调用；可以使用颜色填充或描边路径。

将图像导出到页面排版或矢量编辑程序时，将已存储的路径指定为剪贴路径，可以使图像的一部分变得透明。路径可以使用钢笔工具和形状工具来绘制，绘制的路径可以是开放式、闭合式和组合式，如图 6-26 所示。

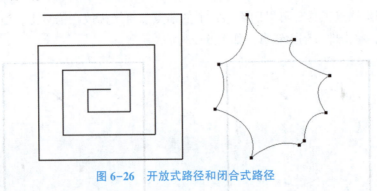

图 6-26　开放式路径和闭合式路径

路径不能被打印出来，因为它是矢量对象，不包含像素，只有在路径中填充颜色后才能打印出来。

6.2.2 路径的基本操作

使用钢笔等工具绘制出路径以后，还可以在原有路径的基础上继续进行绘制，同时也可以对路径进行变换、定义为形状、建立选区、描边等操作。

1. 路径的运算

用魔棒和快速选择等工具选取对象时，通常都要对选区进行相加、相减等运算，以使其符合要求。使用钢笔工具或形状工具时，也要对路径进行相应的运算，才能得到想要的轮廓。

单击工具箱栏中的"路径操作"按钮，可以在弹出的下拉菜单中选择路径运算方式，如图 6-27 所示。如图 6-28 所示，邮票是先绘制的路径，人物是后绘制的路径。绘制完邮票图形后，单击不同的运算按钮，再绘制人物图形，就会得到不同的运算结果。

图 6-27 路径叠加方式

图 6-28 组合路径

路径运算的重要参数介绍：

新建图层：单击该按钮，可以创建新的路径层。

合并形状：单击该按钮，新绘制的形状会与现有的图形合并，如图 6-29 所示。

减去顶层形状：单击该按钮，可以从现有的图形中减去新绘制的图形，如图 6-30 所示。

与形状区域相交：单击该按钮，得到的图形为新图形与现有图形相交的区域，如图 6-31 所示。

排除重叠形状：单击该按钮，得到的图形为合并路径中排除重叠的区域，如图 6-32 所示。

合并形状组件：单击该按钮，可以合并重叠的路径组件。

图 6-29 合并路径　　图 6-30 减去顶层形状　图 6-31 与形状区域相交　图 6-32 排除重叠形状

2. 变换路径

变换路径与变换图像的方法完全相同。在"路径"面板中选择路径，然后执行"编辑"→"变换路径"菜单下的命令即可对其进行相应的变换。

3. 对齐与分布路径

使用"路径选择工具"，选择多个子路径，单击工具选项栏中的"路径对齐方式"按钮，在弹出的下拉菜单中有"对齐"与"分布"选项，可对所选路径进行对齐与分布操作，如图 6-33 所示。

图 6-33　对齐与分布路径工具

需要注意的是，进行路径分布操作时，需要至少选择 3 个路径组件。此外，选择"对齐到画布"选项相对于画布来对齐或分布对象。例如，单击左边按钮，可以将其对齐到画布的左侧边界上。

4. 定义自定形状

绘制出路径以后，执行"编辑"→"定义自定形状"菜单命令可以将其定义为形状，如图 6-34 所示。

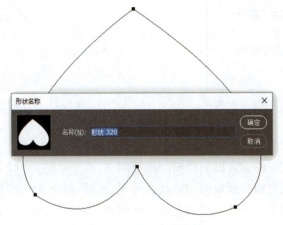

图 6-34　定义自定形状

5. 将路径转为选区

绘制出路径以后，如图 6-35 所示，可以通过以下 3 种方法将路径转换为选区。

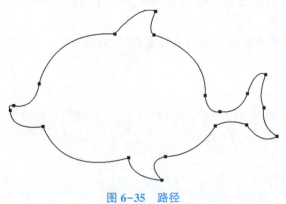

图 6-35　路径

第一种：直接按"Ctrl+Enter"组合键载入路径的选区，如图6-36所示。

图6-36　快捷键转换

第二种：在路径上单击鼠标右键，然后在弹出的菜单中选择"建立选区"命令，如图6-37所示。

第三种：按住"Ctrl"键，在"路径"面板中单击路径的缩略图，如图6-38所示，或单击"将路径作为选区载入"按钮。

图6-37　右键命令转换

图6-38　Ctrl+单击缩略图转换

6. 填充路径

绘制出路径后，在路径上单击鼠标右键，然后在打开的菜单中选择"填充路径"命令，弹出"填充路径"对话框，如图6-39所示。

7. 描边路径

"描边路径"是一个非常重要的功能，在描边之前，需要设置好描边工具的参数，比如画笔、铅笔、橡皮擦、仿制图章等。绘制出路径后，在路径上单击鼠标右键，在弹出的菜单中选择"描边路径"命令，打开"描边路径"对话框，在该

图6-39　填充路径

191

对话框中可以选择描边的工具。图 6-40 所示是使用画笔描边路径的效果。

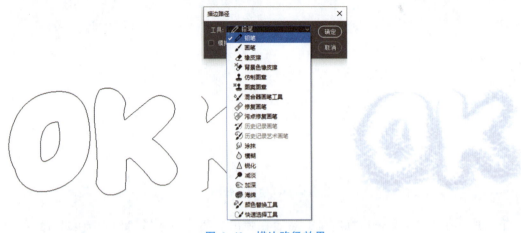

图 6-40　描边路径效果

　　设置好画笔的参数后，按 "Enter" 键可以直接为路径描边。另外，在 "描边路径" 对话框中有一个 "模拟压力" 选项，勾选该选项，可以使描边的线条产生比较明显的粗细变化。

6.3　文　字

6.3.1　了解文字

　　Photoshop 提供了多个用于创建文字的工具，文字的编辑方法也非常灵活。

1. 文字的类型

　　文字的创建方法有 3 种：在点上创建、在段落中创建和沿路径创建。Photoshop 提供了 4 种文字工具，其中，"横排文字工具" 和 "直排文字工具" 用来创建点文字、段落文字和路径文字，"横排文字蒙版工具" 和 "直排文字蒙版工具" 用来创建文字状选区。

　　文字的划分方式有很多种，如果根据排列方式划分，可分为横排文字和直排文字；如果根据形式划分，可分为文字和文字蒙版；如果根据创建的内容划分，可分为点文字、段落文字和路径文字；如果根据样式划分，可分为普通文字和变形文字。

2. 文字工具选项栏

　　在使用文字工具输入文字之前，需要在工具选项栏或 "字符" 面板中设置字符的属性，包括字体、大小和文字颜色等。图 6-41 所示的是 "横排文字工具" 的选项栏。

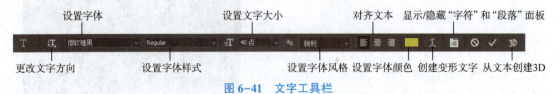

图 6-41　文字工具栏

文字工具的重要参数介绍：

更改文字方向：单击该按钮，可以将横排文字转换为直排文字，或者将直排文字转换为横排文字。单击"文字"→"文本排列方向"下拉菜单中的相应命令也可以进行转换。

设置字体：在该选项下拉列表中可以选择一种字体。

设置字体样式：字体样式是单个字体的变体，包括 Light（细体）、Light Italic（细斜体）、Regular（规则的）、Italic（斜体）、Bold（粗体）和 Bold Italic（粗斜体）等，该选项只对部分英文字体有效。如图 6-42 所示。

图 6-42　字体样式效果

设置文字大小：可以设置文字的大小，也可直接输入数值并按"Enter"键来进行调整。

消除锯齿：为文字选择一种消除锯齿方法后，Photoshop 会填充文字边缘的像素，使其混合到背景中，便看不到锯齿了。也可通过"文字"→"消除锯齿"子菜单进行选择，如图 6-43 所示。

图 6-43　消除锯齿

其中，"无"表示不进行锯齿处理；"锐利"表示文字以最锐利的效果显示；"犀利"表示文字以稍微锐利的效果显示；"浑厚"表示文字以厚重的效果显示；"平滑"表示文字以平滑的效果显示。

设置字体颜色：单击颜色块，可以打开"拾色器"设置文字的颜色。

创建变形文字：单击该按钮，可以打开"变形文字"对话框，为文本添加变形样式，从而创建变形文字。

显示/隐藏"字符"和"段落"面板：单击该按钮，可以显示或隐藏"字符"和"段落"面板。

对齐文本：根据输入文字时鼠标单击点的位置来对齐文本，包括"左对齐文本""居中对齐文本"和"右对齐文本"。

6.3.2　文字的创建与编辑

1. 点文字

点文字是一个水平或垂直的文本行，在处理标题等字数较少的文字时，可以通过点文字来完成。每行文字都是独立的，行的长度随文字的输入而不断增加，但是不会自动换行，如图 6-44 所示。

2. 段落文字

段落文字是在文本框内输入的文字，它具有自动换行、可调整文字区域大小等优势。段落文字主要用在大量的文本中，如海报、画册、宣传页等，如图 6-45 所示。

图 6-44　点文字　　　　　　　　　　　　　　　图 6-45　段落文字

3. 转换点文字与段落文字

点文字和段落文字可以相互转换。如果是点文字，执行"文字"→"转换为段落文字"菜单命令，可将其转换为段落文字；如果是段落文字，可执行"文字"→"转换为点文字"菜单命令，将其转换为点文字。

将段落文字转换为点文字时，溢出定界框的字符将会被删掉。因此，为避免丢失文字，应首先调整定界框，使所有文字在转换前都显示出来。

4. 转换横排文字和直排文字

横排文字和直排文字可以相互转换，方法是：执行"文字"→"取向"→"水平/垂直"菜单命令，或单击工具选项栏中的"切换文本取向"按钮，如图 6-46 所示。

图 6-46　横排文字和直排文字

5. 查找和替换文本

执行"编辑"→"查找和替换文本"菜单命令，可以打开"查找和替换文本"对话框，可以查找当前文本中需要修改的文字、单词、标点或字符，并将其替换为指定的内容。在"查找内容"选项内输入要替换的内容，然后单击"查找下一个"按钮，Photoshop 会搜索并突出显示查找的内容。如果要替换内容，可以单击"更改"按钮；如果要替换所有符合要求的内容，可单击"更改全部"按钮。需要注意的是，已经栅格化的文字不能进行查找和替换操作。

6. 栅格化文字

在"图层"面板中选择文字图层，执行"文字"→"栅格化文字图层"菜单命令，或"图层"→"栅格化"→"文字"菜单命令，可以将文字图层栅格化，使文字变为图像。栅格化后的图像可以用画笔工具和滤镜等进行编辑，但不能再修改文字内容。

6.3.3　创建变形文字

变形文字是指对创建的文字进行变形处理后得到的文字，例如，可以将文字变形为扇形或波浪形。下面介绍如何进行文字的变形操作。

输入文字后，在文字工具的选项栏中单击"创建文字变形"按钮，打开"变形文字"对话框，在该对话框中可以选择文字的变形方式。下面以"上弧"样式来介绍文字的各项功能，图6-47（a）所示是原文字，图6-47（b）所示是变形文字。

乡村振兴　　乡村振兴

（a）　　　　　　　　　　（b）

图6-47　变形文字效果

6.3.4　创建路径文字

路径文字是指创建在路径上的文字，文字会沿着路径排列，改变路径形状时，文字的排列方式也会随之改变。用于排列文字的路径是可以闭合的，也可以是开放的。路径文字的加入使文字的处理方式变得更加灵活，如图6-48所示。

图6-48　路径文字效果

【工作任务】

6.4　工作任务

6.4.1　工作任务1：使用"钢笔"工具绘制心形

1. 任务展示

效果图如图6-49所示。

2. 任务分析

使用钢笔工具、转换点工具等命令绘制出心形形状，然后转换为选区，之后填充颜色，最终效果如图6-49所示。

**使用"钢笔"工具
绘制心形**

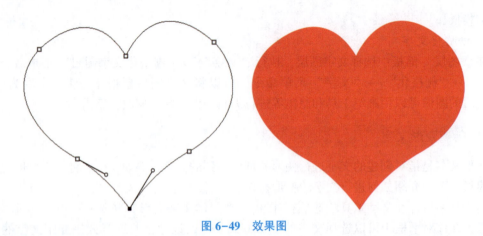

图 6-49　效果图

3. 任务要点

掌握钢笔工具及其调整快捷键的使用方法。

4. 任务实现

（1）按下快捷键"P"，鼠标变为钢笔工具，从心形的顶部或底部开始，按下鼠标左键建立锚点 1，然后在右侧按住鼠标左键建立锚点 2，按住鼠标左键向外侧滑动鼠标，直至两点之间的直线变成曲线，大致符合心形的弧度，此时锚点两侧会出现两个手柄，如图 6-50 所示。

（2）此时如果直接建立锚点 3，会发现之间的连线不受控制。因此，在建立锚点 3 之前，为避免之前的锚点手柄影响接下来的直线，应当按住"Ctrl"键，单击之前的锚点 2，将锚点 2 的两条手柄去掉一侧，如图 6-51 所示。

图 6-50　两个手柄　　　　　　　　图 6-51　去掉手柄的一侧

（3）依此类推，在心形的每一个弧度两侧建立锚点。注意，锚点的数量保持够用就可以了，不能太密集，否则会造成心形不圆；也不能太过稀少。最后一个锚点与锚点 1 相接，完成心形的闭合。

（4）如果感觉建立锚点的位置不对，可以按"Ctrl+Z"组合键撤销，再重新建立锚点，如若需要多次返回，使用"Ctrl+Shift+Z"组合键；如果感觉某个连线的弧度不合适，可以先不要管，等心形闭合完成之后再做调整。

（5）当心形闭合之后，寻找其中的不完美的弧度，按住"Ctrl"键，并单击该弧度附近的锚点，显示其手柄，然后按住"Alt"键，将鼠标移至手柄上，按住左键并拖动，调整弧线的弧度，使心形形状达到预期。

（6）当心形路径调整完成之后，按下"Ctrl+Enter"组合键，将路径转换为选区，如

图 6-52 所示。

（7）将前景色设置为红色，按下"Alt+Delete"组合键，填充心形，如图 6-53 所示。

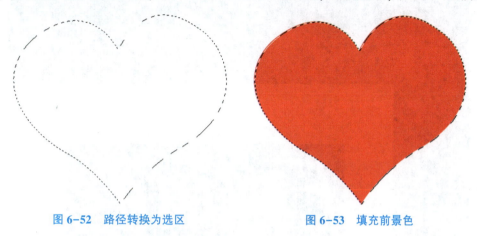

图 6-52　路径转换为选区　　　　　　　　　图 6-53　填充前景色

6.4.2　工作任务 2：描边路径效果

1. 任务展示
效果图如图 6-54 所示。

图 6-54　效果图

描边路径效果

2. 任务分析
使用"转换为工作路径"和"描边路径"工具为路径描边。

3. 任务要点
掌握"描边路径"和"特殊效果画笔"的配合使用。

4. 任务实现
（1）按"Ctrl+N"组合键，新建文档，设置宽、高为 1 920×1 080 像素，单击"创建"按钮。

（2）单击工具架上的"横排文字工具"，在工作区创建并输入英文单词"Foliage"，设置字体为"MV Boli"，字号为"400 点"，如图 6-55 所示。

（3）单击菜单栏中的"文字"→"创建工作路径"，将该文本提取出路径，然后隐藏文字图层，如图 6-56 所示。

（4）在"图层面板"上新建"图层 1"，选择"画笔工具"，然后在打开的"画笔设置"面板中选择笔尖形状"Kyle 叶片组"，笔尖大小为 40 像素，间距为 31%，如图 6-57 所示。

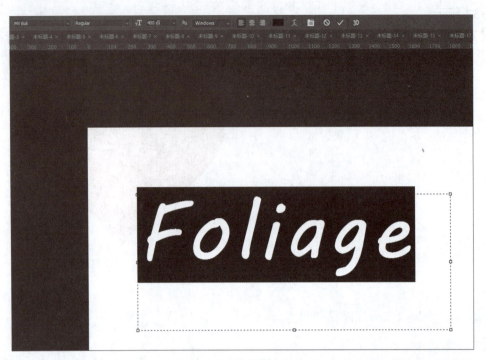

图 6-55　输入横排文字

图 6-56　文字转换路径　　　　　　　　　　图 6-57　调整画笔面板

（5）设置"前景色"为（R:234，G:181，B:38），"背景色"为（R:145，G:222，B:36），单击选择"图层1"，然后选择钢笔工具，将鼠标移至路径上，单击鼠标右键，选择"描边路径"，此时工具为"混合器画笔工具"，单击"确定"按钮。效果如图6-58所示。

图6-58　混合器画笔工具效果

（6）为增加层次感，再次在"画笔面板"中设置笔尖形状为"Kyle叶片组"，笔尖大小为50像素，间距为50%，然后互换"前景色"和"背景色"，如图6-59所示。然后选择钢笔工具，将鼠标移至路径并单击鼠标右键，选择"描边路径"，勾选"模拟压力"，单击"确定"按钮。选择"路径"面板，单击空白处，取消路径的显示，如图6-60所示。

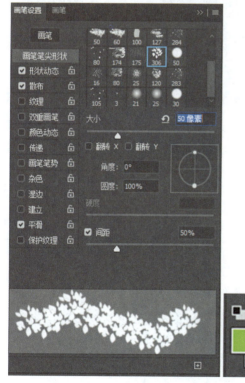

图6-59　选择Kyle叶片组，互换颜色

图6-60　描边路径效果

（7）选择"图层1"，单击"橡皮擦"工具，将单词中"i"的点擦除掉，然后重新绘制。选择"画笔"工具，在"画笔面板"中设置笔尖大小为300像素，间距为7%，在"i"的点的位置手动点画一簇绿叶，最终效果如图6-61所示。

图 6-61　绘制一簇绿叶

6.4.3 工作任务 3：创建"路径文字"效果

1. 任务展示

效果图如图 6-62 所示。

创建"路径
文字"效果

图 6-62　效果图

2. 任务分析

使用"路径文字"工具沿着路径输入文字。

3. 任务要点

掌握"路径文字"的创建和编辑。

4. 任务实现

（1）按下"Ctrl+O"组合键，打开"工作任务 3"素材文件。

（2）使用钢笔工具在飞机的曲线上绘制一条路径，如图 6-63 所示。

图 6-63　绘制路径

（3）选择"横排文字工具"，然后在选项栏设置参数，字体为"微软雅黑"、大小为 30 点、颜色为灰白色，比飞机曲线稍微白一点即可，如图 6-64 所示。

图 6-64　调整横排文字工具属性栏

（4）将光标放置在路径的起始处，当光标发生变化时，单击设置文字的插入点，然后在路径上输入文本"童年的纸飞机，现在终于飞回我手里"，此时可以发现文字会沿着路径排列，接着按"Ctrl+Enter"组合键结束操作，如图 6-65 所示。

图 6-65　完成效果图

【任务拓展】

<h2>6.5　任务拓展</h2>

6.5.1 任务拓展 1：使用"钢笔"工具抠图

效果图如图 6-66 所示。

图 6-66　效果图

**使用"钢笔"
工具抠图**

1. 任务目的

- 掌握钢笔工具的用法。
- 掌握复杂情况下的抠图技巧。

2．任务内容

使用钢笔工具在图片中抠出单一的水果素材。

3．工具使用技巧

（1）按住"Shift"键使用的时候，会出现垂直、水平、45°的状态，整体上会给钢笔工具起到约束的作用。

（2）按住"Ctrl"键，整体上是起到移动的作用，运用到两个控制手柄和锚点上。

（3）按住"Alt"键，鼠标放在手柄上，鼠标变成尖角状，单击拖曳手柄，曲线的弧度、方向发生变化，第一条手柄控制前一条曲线，第二条手柄控制下一条曲线。

（4）按住"Alt"键，鼠标放在锚点上，鼠标变成尖角状，单击锚点即可删除手柄。

4．任务步骤

（1）按"Ctrl+O"组合键，打开素材"6-66"文件，按"Ctrl+J"组合键，将背景图层复制出"图层 1"，如图 6-67 所示。

（2）选择钢笔工具，建立锚点（钢笔工具点一下就会建立一个锚点，先点出一个起始点，然后确定另一个锚点的位置，按住鼠标不松手就会出现一个弧度，调整适合的弧度大小松开鼠标即可）。如果出现位置错误，可用"Ctrl+Alt+Z"组合键退回。直至把图片中前面的橘子抠出，路径处于闭合状态，如图 6-68 所示。

（3）按"Ctrl+Enter"组合键载入选区。按"Shift+F6"组合键，设置羽化值为 1，让边缘过渡得更加柔和，如图 6-69 所示。

图 6-67　复制图层

图 6-68　钢笔绘制路径

图 6-69　载入选区并羽化

（4）按"Ctrl+J"组合键，将抠取的橘子新建一层，然后关掉"图层 1"和"背景"层前面的小眼睛，即可显示出抠图效果，如图 6-70 所示。

图 6-70 将选区新建图层

6.5.2 任务拓展 2：路径调整五边形形状

效果图如图 6-71 所示。

1. 任务目的

掌握路径调整的方法。

路径调整五边
形形状

2. 任务内容

使用"添加锚点工具""删除锚点工具""转换点工具""路径选择工具"编辑调整五边形，使其变成想要的形状。

3. 任务步骤

（1）按"Ctrl+N"组合键，新建一个文档，设置名称为"路径的调整"，"预设"宽度和高度为 1 000 像素，单击"创建"按钮，如图 6-72 所示。

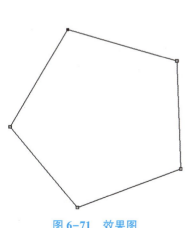

图 6-71 效果图

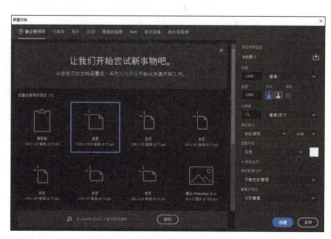

图 6-72 新建文档

（2）使用"钢笔工具"在画布中绘制出五边形，如图 6-73 所示；然后选择"添加锚点工具"将光标放在其边的中间点上，当光标出现"+"时，单击即可添加一个锚点，如图 6-74 所示。

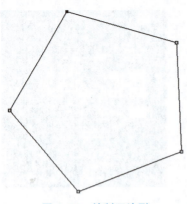

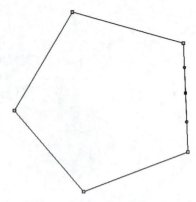

图 6-73　绘制五边形

图 6-74　添加锚点

（3）使用"直接选择工具"对锚点进行调节，如图 6-75 所示；然后使用"添加锚点工具"在其他边的中间点添加锚点，并使用"直接选择工具"对锚点进行调节，效果如图 6-76 所示。

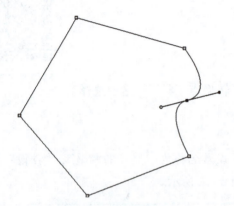

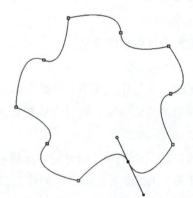

图 6-75　调节锚点效果

图 6-76　整体调节效果

（4）选择"删除锚点工具"，然后将光标放在锚点上，当光标出现"－"时，单击鼠标左键即可删除锚点，如图 6-77 所示，接着删除其他多余锚点，效果如图 6-78 所示。

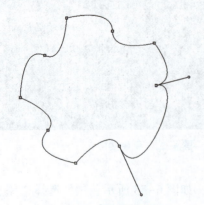

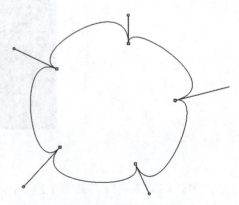

图 6-77　删除锚点效果

图 6-78　整体调节效果

（5）使用"转换点工具"单击所有锚点可以将曲线转换为直线，如图6-79所示，最终效果如图6-71所示。

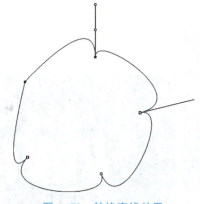

图6-79　转换直线效果

4. 案例总结

本案例主要讲解了如何使用锚点工具、转换点工具、路径选择工具来调整路径，路径的调整在绘制路径和抠图时经常使用，因为一条完美的路径很少一次就能绘制完成，往往需要经过多次修改才能令人满意。

6.5.3　任务拓展3：制作图案字

1. 任务目的
学会利用通道、蒙版等工具制作艺术文字。

2. 任务内容
使用"通道""滤镜""选区编辑"等工具制作奶牛风格字体。

制作图案字

3. 任务步骤

（1）按"Ctrl+N"组合键，新建一个文档，设置名称为"奶牛字"，"预设"宽度和高度为650×300像素，如图6-80所示，单击"创建"按钮，并填充背景图层为浅蓝色，如图6-81所示。

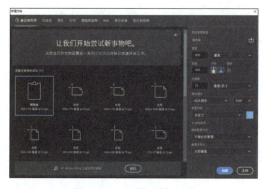

图6-80　设置文档尺寸

图6-81　填充为浅蓝色

（2）单击"通道"面板中的"新建"按钮，创建一个通道。然后选择"横排文字工具"，打开字符面板，选择字体"Segoe Print"并设置字号为 160 点，文字颜色为白色，接着在画面中输入文字"milk"，如图 6-82 所示。

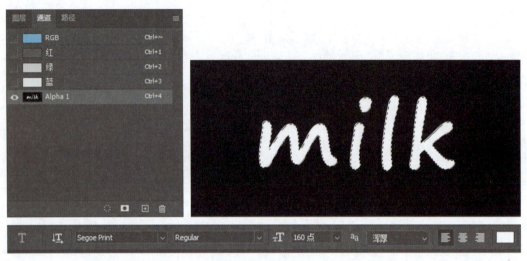

图 6-82　创建文字

（3）按住"Ctrl"键，单击"Alpha 1"通道，载入通道中的选区，然后按"Ctrl+～"组合键返回 RGB 复合通道，显示出彩色图像，如图 6-83 所示。

图 6-83　载入选区

（4）执行菜单栏"选择"→"修改"→"扩展"菜单命令扩展选区，"扩展量"为 8 像素，然后单击图层面板底部的"新建"按钮，新建一个图层，再在选区内填充白色，如图 6-84 所示。

图 6-84　填充颜色

（5）单击图层面板底部的"蒙版"按钮，基于选区创建蒙版，如图6-85所示。

（6）双击文字图层，打开"图层样式"对话框，然后在左侧列表中选择"投影"，设置参数（请自己尝试调整，不建议直接照搬），"不透明度"为65%，"距离"为15，"大小"为20，在文字的斜下方给予淡灰色阴影，增加立体感，如图6-86所示。

（7）在"图层样式"对话框中选择"斜面和浮雕"选项，尝试设置参数，增强文字立体感，具体参数如图6-87所示。

图 6-85　创建蒙版

图 6-86　调节图层样式

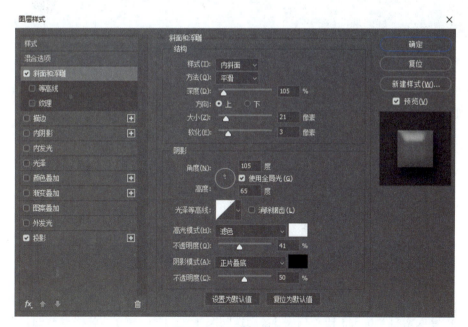

图 6-87　调节立体效果

（8）单击图层面板底部的"新建图层"按钮，新建一个图层，然后将"前景色"设置为"黑色"，接着选择"椭圆工具"，再在工具选项栏选择"像素"选项，最后按住"Shift"键在画面中绘制几个圆形，如图 6-88 所示。

图 6-88 添加黑色圆形

（9）执行"滤镜"→"扭曲"→"波浪"菜单命令，尝试设置参数，如图 6-89 所示，对圆点进行不规则的变形，模仿奶牛身上的图案，如图 6-89 所示。

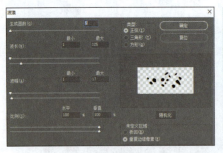

图 6-89 添加滤镜效果

（10）按"Ctrl+Alt+G"组合键创建剪贴蒙版，将花纹的显示范围限定在下面的文字区域内，如图 6-90 所示。

图 6-90 创建剪切蒙版

（11）导入素材"6.5.3 任务拓展 3：制作图案字"（图 6-91），调整素材的位置，再选择文字层和剪贴蒙版，按"Ctrl+G"组合键进行打组，调整文字的大小和位置，最终效果如

图 6-92 所示。

图 6-91　导入素材

图 6-92　最终效果

【任务总结】

通过本工作领域的学习，了解到常用路径工具和文字工具的使用方法，掌握并练习了路径和文字的创建、编辑等基本操作技能，为熟练运用路径、图形和文字工具完成图像的编辑打下基础。在任务完成的过程中，请同学们注意思维的发散与聚合。平面设计是一门艺术，其价值在于创意和创造，我们要打开思路，敢于尝试，才能不断突破自我，创作出好的设计作品。

【任务评价】

根据下表评分要求和准则，结合学习过程中的表现开展自我评价、小组评价、教师评价，以上三项加权平均计算出最后得分。

考核项		项目要求	评分准则	配分	自评	互评	师评
基本素养 （20分）	学习态度 （8分）	按时上课，不早退	缺勤全扣，迟到早退一次扣2分	2分			
		积极思考、回答问题	根据上课统计情况得1~4分	4分			
		执行课堂任务	此为否定项，违反酌情扣10~100分	0分			
		学习用品准备	自己主动准备好学习用品并齐全	2分			
	职业道德 （12分）	主动与人合作	主动合作4分，被动合作2分	4分			
		主动帮助同学	能主动帮助同学4分，被动2分	4分			
		严谨、细致	对工作精益求精，效果明显4分；对工作认真2分；其余不得分	4分			
核心技术 （40分）	知识点 （20分）	1. 钢笔工具的使用方法 2. 图形工具的创建与编辑 3. 文字的创建与编辑	根据在线课程完成情况得1~10分	10分			
			能根据思维导图形成对应知识结构	10分			
	技能点 （20分）	1. 熟练掌握路径工具和图形工具的基本操作 2. 熟练运用文字工具完成文本的编辑	课上快速、准确明确工作任务要求	10分			
			清晰、准确完成相关操作	10分			
任务完成情况 （40分）	按时保质保量完成工作任务 （40分）	按时提交	按时提交得10分；迟交得1~5分	10分			
		内容完成度	根据完成情况得1~10分	10分			
		内容准确度	根据准确程度得1~10分	10分			
		平面设计创意	视见解创意实际情况得1~10分	10分			
合计				100分			
总分【加权平均（自我评价20%，小组评价30%，教师评价50%）】							
小组组长签字			教师签字				

结合老师、同学的评价及自己在学习过程中的表现，总结自己在本工作领域的主要收获和不足，进行星级评定。

评价内容	主要收获与不足	星级评定
平面设计知识层面		☆☆☆☆☆
平面设计技能层面		☆☆☆☆☆
综合素质层面		☆☆☆☆☆

工作领域七

通道、蒙版及滤镜

在 Photoshop 中，通道和蒙版是非常重要的功能，使用通道不但可以保存图像的颜色信息，还可以存储选区，以便让用户能选择更复杂的图像选区；而蒙版则可以在不同图像中做出多种效果，还可以制作出高品质的影像合成。在 Photoshop 中，滤镜也有很强的功能，主要是用来实现图像的各种特殊效果。通过本工作领域的学习，可以快速掌握通道和蒙版的使用技巧，制作出独特的图像效果，并应用丰富的滤镜资源制作出多变的图像效果。

【任务目标】

- 掌握通道原理。
- 掌握通道创建、复制、删除的运用，以及分离与合并通道的运用。
- 掌握蒙版原理和各种蒙版的创建、编辑、删除和应用。
- 掌握滤镜的使用方法。
- 要求学生熟练掌握利用通道抠像的基本操作流程。
- 要求学生熟练掌握利用蒙版合成图像的基本操作。
- 要求学生熟练掌握滤镜的基本操作。
- 通过完成任务，养成严谨、细致的操作习惯。

【任务导图】

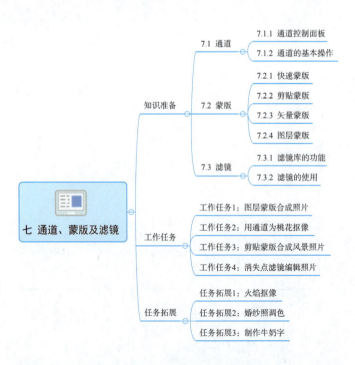

7.1 通 道

7.1.1 通道控制面板

所谓通道，就是在 Photoshop 环境下，将图像的颜色分离成基本的颜色，每一个基本的颜色就是一条基本的通道。因此，当打开一幅以颜色模式建立的图像时，通道工作面板将为其色彩模式和组成它的原色分别建立通道。例如，打开 RGB 图像文件时，通道工作面板会出现主色彩通道 RGB 和 3 个颜色通道（红、绿、蓝）。

"通道"面板可以创建、保存和管理通道，如图 7-1 所示。

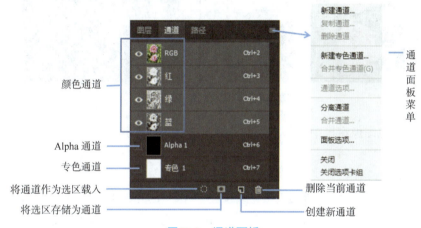

图 7-1　通道面板

通道的功能根据其所属类型不同而不同。在 Photoshop 中，通道包括颜色通道、Alpha 通道和专色通道 3 种类型。

1. 颜色通道

当建立新文件时，颜色信息通道已经自动建立了。颜色信息通道的多少是由选择的色彩模式决定的，例如，所有 RGB 模式的图像都有内定的颜色通道：红色通道存储红色信息、绿色通道存储绿色信息、蓝色通道存储蓝色信息，此外，还有一个复合通道；CMYK 模式的图像都有内定的颜色通道：青色通道、品色通道、黄色通道、黑色通道和一个复合通道；灰阶模式的图像只有一个黑色通道。

2. Alpha 通道

Alpha 通道用于存储选择范围，可再次编辑。用户可以载入图像选区，然后新建 Alpha 通道对图像进行操作。Alpha 通道是为保存选区而专门设计的，主要用于保存图像中的选区和蒙版。在生成一个图像文件时，并不一定产生 Alpha 通道，通常，它是在图像处理过程中为了制作特殊的选区或蒙版而人为生成的，并从中提取选区信息。

3. 专色通道

在处理颜色种类较多的图像时，为了让印刷作品与众不同，往往要做一些特殊通道的处理。除了系统默认的颜色通道外，还可以创建专色通道，如增加印刷品的荧光油墨或夜光油墨，套版印制无色系（如烫金、烫银）等，这些特殊颜色的油墨被称为"专色"，专色无法用三原色油墨混合出来，需要用专色通道与专色印刷。

7.1.2 通道的基本操作

1. 选择通道

选择一个通道后，可以在图像窗口中查看该通道中的内容。选择"窗口/通道"命令，显示通道面板，单击其中的一个通道即可在图层窗口中显示该通道中的内容。图 7-2 所示为选择"红"通道后的效果。

图 7-2　选择"红"通道效果

还可以同时在图像窗口中显示多个窗口的内容，只需在其他通道处单击，将图标显示出来即可。

2. 创建 Alpha 通道

单击"通道"面板底部的█按钮，或按住"Alt"键并单击该按钮，在弹出的"新建通道"对话框中设置相应的参数及选项后，单击"确定"按钮，即可创建新的 Alpha 通道，如图 7-3 所示。单击"通道"面板右上角的█按钮，在弹出的通道菜单中执行"新建通道"命令，同样可以弹出"新建通道"对话框以新建通道。如果在图像中创建了选区，单击"通道"面板底部的█按钮后，可将选区保存为 Alpha 通道。

图 7-3　创建 Alpha 通道效果

3. 创建专色通道

在"通道"菜单中执行"新建专色通道"命令，或者按住"Ctrl"键并单击"通道"面板底部的█按钮，在弹出的"新建专色通道"对话框中设置相应的参数及选项后，单击

"确定"按钮，可在"通道"面板中创建新的专色通道，如图7-4所示。

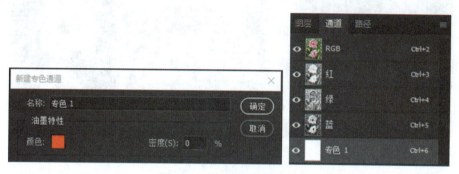

图7-4　创建专色通道效果

4. 复制通道

复制通道有以下3种方法：

（1）在"通道"面板中将需要复制的通道拖曳到面板底部的 ▣ 按钮上即可。

（2）选择需要复制的通道，在"通道"菜单中执行"复制通道"命令即可。

（3）在需要复制的通道上单击鼠标右键，在弹出的右键菜单中执行"复制通道"命令即可，如图7-5所示。

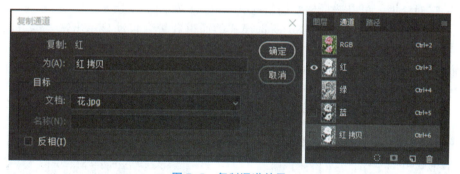

图7-5　复制通道效果

5. 删除通道

删除通道有以下3种方法：

（1）在"通道"面板中将需要删除的通道拖动到面板底部的 ▣ 按钮上即可。

（2）选择需要删除的通道，在"通道"菜单中执行"删除通道"命令即可。

（3）在通道上单击鼠标右键，在弹出的右键菜单中执行"删除通道"命令即可。

6. 通道的分离和合并

在Photoshop中可以将一幅图像文件的各个通道分离成单个文件分别存储，也可以将多个灰度文件合并为一个多通道的彩色图像，这就需要使用通道的分离进行合并操作。

1）分离通道

单击"通道"面板右上角的 ▤ 按钮，在弹出的快捷菜单中选择"分离通道"命令即可分离通道。分离后生成的文件数与图像的通道数有关。如果将图7-6（a）所示的RGB图像分离通道，将生成3个独立的文件，如图7-6（b）～（d）所示。

（a）　　　　　　（b）　　　　　　（c）　　　　　　（d）

图 7-6　分离通道效果

2）合并通道

使用合并通道可以将多个灰度图像合并成一幅多通道彩色图像。但是所有被合并的图像都必须是"灰度"模式，并具有相同的像素尺寸。打开的灰度图数量决定了合并通道时可用的颜色模式。

合并通道的过程如下：

①打开所有要合并通道的灰度图像。

②激活其中的一个图像文件，在通道面板的菜单中选择"合并通道"命令，将弹出"合并通道"对话框，可以选择想要创建的颜色模式，如图 7-7 所示。

③在"通道"文本框中，对应于所选模式的通道数量会自动显示出来，也可以输入数值，如果输入的数值不能用于所选模式，则自动选择"多通道"模式。

④如果要合并为 RGB 模式，单击"确定"按钮后，将弹出如图 7-8 所示的"合并 RGB 通道"对话框。

图 7-7　"合并通道"对话框　　　　　图 7-8　"合并 RGB 通道"对话框

⑤对于每个通道，选择其相应的源文件，此时要保证需要的源文件都是打开的。如果选择的源文件不同，则合并的图像效果就会不一样。

⑥选择通道后，单击"确定"按钮即可完成通道的合并。

将选择的灰度图像合并成一个新图像后，图像将被关闭，并且没有被修改，最终的新图像将显示在新窗口中。

7.2　蒙　版

蒙版是另一种专用的选区处理技术，用户通过蒙版可选择也可隔离图像，在进行图像处理时，可屏蔽和保护一些重要的图像区域不受编辑和加工的影响，而当对图像的其余区域进行颜色变化、滤镜效果和其他效果处理时，被蒙版蒙住的区域不会发生改变。

Photoshop 中有快速蒙版、图层蒙版、剪贴蒙版和矢量蒙版。下面分别介绍这几种蒙版的基本操作方法。

7.2.1　快速蒙版

在工具箱中有 ▣ 和 ◧ 两个按钮，分别用于进入快速蒙版编辑状态和退出快速蒙版编辑状态。双击这两个按钮，都可以打开"快速蒙版选项"对话框。

单击 ▣ 按钮可进入快速蒙版编辑状态，如图 7-9 所示，即可使用各种绘图工具在图像窗口中进行绘制，被绘制的地方将会以蒙版颜色进行覆盖。还可以使用滤镜对蒙版进行各种特效处理。处理完成后单击 ◧ 按钮退出快速蒙版编辑状态，并将蒙版转换为选区，如图 7-10 所示。

图 7-9　创建选区及进入快速蒙版效果图　　　　　**图 7-10　退出快速蒙版**

7.2.2　剪贴蒙版

剪贴蒙版是由基底图层和内容图层创建的，给两个或两个以上的图层创建剪贴蒙版后，可用剪贴蒙版中最下方的图层（基底图层）形状来覆盖上面的图层（内容图层）内容。例如，一个图像的剪贴蒙版中的下方图层为某个形状，上面的图层为图像或文字，如果给上面的图层都创建剪贴蒙版，则上面图层的图像只能通过下面图层的形状来显示其内容。

1. 创建剪贴蒙版

（1）选择"图层"面板中倒数第二个图层，然后执行"图层"→"创建剪贴蒙版"命令，即可为该图层与其下方的图层创建剪贴蒙版。这里注意，背景图层无法创建剪贴蒙版，如图 7-11 所示。

图 7-11　创建剪贴蒙版效果

（2）按"Ctrl+Alt+G"组合键也可创建剪贴蒙版。

2. 释放剪贴蒙版

（1）在"图层"面板中，选择剪贴蒙版中的任一图层，然后执行"图层"→"释放剪贴蒙版"命令，即可释放剪贴蒙版，还原图层相互独立的状态。

（2）创建剪贴蒙版后，使用"Ctrl+Alt+G"组合键也可释放剪贴蒙版。

7.2.3 矢量蒙版

矢量蒙版与分辨率无关，是由"钢笔"路径或形状工具绘制闭合的路径形状后创建的，路径内的区域可显示出图层中的内容，路径之外的区域是被屏蔽的区域。当路径的形状被修改后，蒙版被屏蔽的区域也会随之发生变化。

1. 创建矢量蒙版

执行下列任一操作即可创建矢量蒙版。

（1）执行"图层"→"矢量蒙版"→"显示全部"命令，可创建显示整个图层的矢量蒙版。

（2）执行"图层"→"矢量蒙版"→"隐藏全部"命令，可创建隐藏整个图层的矢量蒙版。

（3）当图像中有路径存在且处于显示状态时，执行"图层"→"矢量蒙版"→"当前路径"命令，可创建显示形状内容的矢量蒙版，如图7-12所示。

图7-12 创建"显示形状内容的矢量蒙版"

2. 编辑矢量蒙版

单击"图层"或"路径"面板中的矢量蒙版缩览图，将其设置为当前状态，然后利用"钢笔"工具或路径编辑工具更改路径的形状，可编辑矢量蒙版，如图7-13所示。

在"图层"面板中选择要编辑的矢量蒙版层，执行"图层"→"栅格化"→"矢量蒙版"命令，可将矢量蒙版转换为图层蒙版，如图7-14所示。

图7-13 编辑矢量蒙版　　　　　图7-14 矢量蒙版转换为图层蒙版

3. 取消图层与蒙版的链接

默认情况下，图层和蒙版处于链接状态，使用 工具移动图层或蒙版时，该图层及其蒙版会一起被移动，取消它们的链接后，就可以单独移动了。

（1）执行"图层"→"矢量蒙版"→"取消链接"或"图层"→"图层蒙版"→"取消链接"命令，即可将图层与蒙版之间的链接取消。

（2）执行"图层"→"矢量蒙版"→"取消链接"或"图层"→"图层蒙版"→"取消链接"命令后，"取消链接"命令将显示为"链接"命令，选择此命令后，图层与蒙版之间将重建链接。

（3）单击"图层"面板中的图层缩览图与蒙版缩览图之间的"链接"图标后，链接图标将消失，表明图层与蒙版之间已取消链接；在此处再次单击后，链接图标将出现，表明图层与蒙版之间又重建链接。

7.2.4　图层蒙版

图层蒙版是位图图像，与分辨率有关，它是由绘图或选框工具创建的，用来显示或隐藏图层中某一部分的图像。

使用图层蒙版可以控制图层中不同区域的透明度，通过编辑图层蒙版，可以为图层添加很多特殊效果，而且不会影响图层本身的任何内容。

1. 创建图层蒙版

选择要添加图层蒙版的图层或图层组，执行下列任一操作即可创建蒙版。

（1）执行"图层"→"图层蒙版"→"显示全部"命令，即可创建出显示整个图层的蒙版。如果图像中有选区，执行"图层"→"图层蒙版"→"显示选区"命令后，即可根据选区创建显示选区内图像的蒙版，如图7-15所示。

图7-15　创建显示选区内图像的蒙版

（2）执行"图层"→"图层蒙版"→"隐藏全部"命令，即可创建出隐藏整个图层的蒙版。如果图像中有选区，执行"图层"→"图层蒙版"→"隐藏选区"命令后，即可根据选区创建隐藏选区内图像的蒙版。

（3）单击"图层"面板下方的 ，即可创建图层蒙版。

2. 编辑图层蒙版

单击"图层"面板中的蒙版缩览图，使之处于工作状态，然后在工具箱中选择任一绘图工具，执行下列操作之一即可编辑蒙版。

（1）在蒙版图像中绘制黑色，可增加蒙版被屏蔽的区域，并显示更多的图像。

（2）在蒙版图像中绘制白色，可减少蒙版被屏蔽的区域，并显示更少的图像。

（3）在蒙版图像中绘制灰色，可创建半透明效果的屏蔽区域。

3. 应用和删除图层蒙版

1）应用图层蒙版

执行"图层"→"图层蒙版"→"应用"命令或单击"图层"面板下方的 🗑 按钮，在弹出的询问面板中单击 应用 按钮，即可在当前层中应用编辑后的蒙版。

2）删除图层蒙版

执行"图层"→"图层蒙版"→"删除"命令或单击"图层"面板下方的 🗑 按钮，在弹出的询问面板中单击 删除 按钮，即可在当前层中删除编辑后的蒙版。

7.3 滤镜

滤镜是 Photoshop 的特色工具之一，充分利用好滤镜不仅可以改善图像效果、掩盖缺陷，还可以在原有图像的基础上产生许多炫目的特殊效果。在滤镜菜单中，"滤镜库""Camera Raw 滤镜""镜头校正""液化"和"消失点"等特殊滤镜被单独列出，其他滤镜都依据其主要功能放置在不同类别的滤镜组中，如图7-16所示。Adobe 提供的滤镜显示在"滤镜"菜单中，第三方软件开发商提供的某些滤镜可以作为增效工具使用，在安装后，这些增效工具滤镜出现在"滤镜"菜单的底部。根据它们的这些特性，我们称前者为"内置滤镜"，后者为"外挂滤镜"。

图7-16 "滤镜"菜单

7.3.1 滤镜库的功能

选择"滤镜"→"滤镜库"命令，弹出"滤镜库"对话框，该对话框中提供了风格化、画笔描边和扭曲等6组滤镜，并可预览对同一幅图像应用多个滤镜的堆栈效果。在对话框中，左侧为滤镜预览框，可显示滤镜应用后的效果；中部为滤镜列表，每个滤镜组下面包含了多个特色滤镜，单击需要的滤镜组，可以浏览到滤镜组中的各个滤镜和其相应的滤镜效果；右侧为滤镜参数设置栏，可设置所用滤镜的各个参数值，如图7-17所示。

图7-17　"滤镜库"对话框

7.3.2　滤镜的使用

1. 滤镜的使用规则

（1）使用滤镜处理图层中的图像时，需要选择该图层，并且图层必须可见。

滤镜以及绘画工具、加深、减淡、涂抹、污点修复画笔等修饰工具只能处理当前选择的一个图层，而不能同时处理多个图层。而移动、缩放和旋转等变换操作，可以对多个选定的图层同时进行处理。

（2）滤镜的处理效果是以像素为单位进行计算的，因此，相同的参数处理不同分辨率的图像，其效果也会有所不同。

（3）只有"云彩"滤镜可以应用在没有像素的区域；其他滤镜都必须应用在包含像素的区域，否则不能使用这些滤镜（不含外挂滤镜）。

（4）如果创建了选区，滤镜只处理选中的图像；如果未创建选区，则处理当前图层中的全部图像。

2. 使用智能滤镜

"转换为智能滤镜"可以使用户像操作图层样式那样灵活、方便地运用滤镜。如果在应用效果之前执行此命令，那么，在调制效果时，就可通过智能滤镜随时更改添加在图像上的滤镜参数了，并且还可以随时移除或添加其他滤镜。

利用智能滤镜修改图像效果，可保留图像原有数据的完整性。如果觉得某滤镜不合适，可以暂时关闭，或者退回到应用滤镜前的图像的原始状态。若要修改某滤镜的参数，双击"图层"面板中的该滤镜后，即可弹出该滤镜的参数设置对话框；单击"图层"面板滤镜左侧的眼睛图标，可以关闭该滤镜的预览效果。在滤镜上单击鼠标右键，可在弹出的菜单中编辑滤镜的混合模式，更改滤镜的参数设置，关闭滤镜或删除滤镜等。添加"染色玻璃"滤镜效果如图 7-18 所示。

图 7-18　添加"染色玻璃"滤镜效果

3. 使用滤镜库

用户通过"滤镜库"可以查看到各滤镜的应用效果，滤镜库整合了"扭曲""画笔描边""素描""纹理""艺术效果"和"风格化"6 种滤镜功能，通过该滤镜库，可预览同一图像应用多种滤镜的效果，如图 7-19 所示。

图 7-19　"滤镜库"中各种滤镜

4. "自适应广角"滤镜

可以利用"自适应广角"滤镜对具有广角、超广角及鱼眼效果的图片进行校正，如

图 7-20 所示。

图 7-20　"自适应广角"滤镜效果

5. "Camera Raw" 滤镜

"Camera Raw"滤镜可以调整照片的颜色，包括白平衡、色调以及饱和度，对图像进行锐化处理、减少杂色、纠正镜头问题以及重新修饰，如图 7-21 所示。

图 7-21　"Camera Raw"滤镜效果

6. "镜头校正" 滤镜

使用"镜头校正"滤镜可以修复常见的镜头瑕疵，如桶形和枕形失真、晕影和色差，该滤镜在 RGB 或灰度模式下只能用于 8 位/通道和 16 位/通道的图像，如图 7-22 所示。

图 7-22　"镜头校正"滤镜效果

7. "液化" 滤镜

"液化" 滤镜可以使图像产生扭曲效果，用户可以通过 "液化" 对话框自定义图像扭曲的范围和强度，还可以将调整好的变形效果存储起来以后使用，如图 7-23 所示。

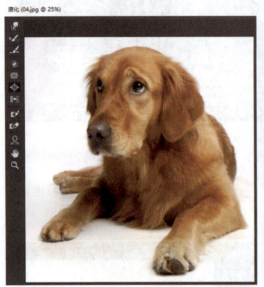

图 7-23 "液化" 滤镜效果

8. "消失点" 滤镜

"消失点" 滤镜是一种可以简化在包含透视平面（如建筑物的一侧、墙壁、地面或任何矩形物体）的图像中进行的透视校正编辑的过程。在编辑消失点时，可以在图像中指定平面，然后应用绘画、仿制、复制、粘贴及变换等编辑操作。所有这些编辑操作都将根据所绘制的平面网格来给图像添加透视，如图 7-24 所示。

图 7-24 "消失点" 滤镜效果

9. 其他滤镜的使用

这部分滤镜组使用较简单，这里主要介绍其功能。

1）"3D"滤镜

"3D"滤镜可以生成效果更好的凹凸图和法线图。

2）"风格化"滤镜

"风格化"滤镜可以产生印象派和其他风格画作品的效果，它是完全模拟真实的艺术手法进行创作的。

3）"模糊"滤镜

"模糊"滤镜可以使图像中过于清晰或对比度强烈的区域产生模糊效果。也可用于制作柔和阴影。

4）"模糊画廊"滤镜

"模糊画廊"滤镜可以用图钉或路径来控制图像，制作模糊效果。

5）"扭曲"滤镜

"扭曲"滤镜效果可以生成一组从波纹到扭曲图像的变形效果。

6）"锐化"滤镜

"锐化"滤镜可以通过生成更强烈的对比度来使图像更加清晰，增强所处理图像的轮廓。此组滤镜可减少图像修改后产生的模糊效果。

7）"视频"滤镜

"视频"滤镜将以隔行扫描方式提取的图像转换为视频设备可接收的图像，以解决图像交换时产生的系统差异。

8）"像素化"滤镜

"像素化"滤镜可以用于将图像分块或将图像平面化。

9）"渲染"滤镜

"渲染"滤镜可以在图片中产生不同的照明、光源和夜景效果。

10）"杂色"滤镜

"杂色"滤镜可以添加或去除杂色、斑点、蒙尘或划痕等。

11）其他滤镜

其他滤镜可以创建特殊的效果滤镜。

【工作任务】

7.4　工作任务

7.4.1　工作任务1：图层蒙版合成照片

1. 任务展示

原图和效果图如图7-25所示。

2. 任务分析

利用快速选择工具创建选区，利用图层蒙版合成照片。

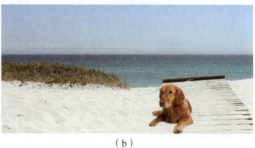

（a）　　　　　　　　　　　　　　　（b）

图 7-25　原图（a）和效果图（b）

3. 任务要点

掌握利用选区生成蒙版的方法。

4. 任务实现

（1）按"Ctrl+O"组合键，打开本书"第七章素材\素材\工作任务一——图层蒙版合成照片\01.jpg"文件，用快速选择工具选中小狗，如图 7-26 所示。

图层蒙版合成照片

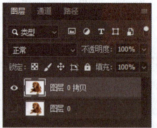

图 7-26　创建选区后效果图

（2）单击 选择并遮住... 按钮，打开"调整边缘"对话框，在"视图"列表中选择黑底，勾选"智能半径"，调整相应的参数，如图 7-27 所示。用调整边缘画笔工具在小狗没被选中的毛发处进行涂抹，如图 7-28 所示。

图 7-27　设置"调整边缘"对话框参数

（3）单击"确定"按钮关闭对话框，重新显示选区。单击"添加图层蒙版"按钮，从选区中生成蒙版，如图7-29所示。

图7-28　画笔涂抹后效果

图7-29　添加图层蒙版

（4）打开本书"第七章素材\素材\工作任务——图层蒙版合成照片\02.jpg"文件，复制小狗图层到"02.jpg"文件中，按"Ctrl+T"组合键对小狗进行调整，效果如图7-30所示。

图7-30　合成照片

7.4.2　工作任务2：用通道为桃花抠像

1. 任务展示

原图和效果图如图7-31所示。

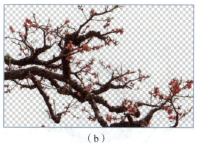

（a）　　　　　　　　　　　（b）

图7-31　原图（a）和效果图（b）

用通道为桃花
抠像

2. 任务分析

使用通道抠取复杂轮廓图像。

3. 任务要点

学习通道抠取复杂轮廓图像的原理。

熟练应用通道的操作方法。

4. 任务实现

（1）按"Ctrl+O"组合键，打开本书"第七章素材\素材\工作任务二——用通道为桃花抠像\01.jpg"文件，观察红、绿和蓝 3 个通道，选择黑白关系明确的"蓝"通道，如图 7-32 所示。

图 7-32 选择"蓝"通道

（2）复制蓝色通道，按"Ctrl+L"组合键打开色阶进行调整，左侧的三角滑块往右移动，右侧的三角滑块往左移动，白色更白，黑色更黑，如图 7-33 所示。

图 7-33 "色阶"对话框调整参数

（3）按"Ctrl"键的同时单击蓝拷贝通道的缩略图，按"Ctrl+Shift+I"组合键反选，回到三色视图，转到图层面板，用"Ctrl+J"组合键复制图层，命名为"桃花"图层，如图 7-34 所示。

图 7-34 最后效果图

7.4.3 工作任务3：剪贴蒙版合成风景照片

1. 任务展示

原图和效果图如图7-35所示。

图7-35 原图（a）和效果图（b）

剪贴蒙版合成风景照片

2. 任务分析

使用多边形套索工具选取图像，使用剪贴蒙版合成图像。

3. 任务要点

学习用剪贴蒙版合成图像。

4. 任务实现

（1）按"Ctrl+O"组合键，打开本书"第七章素材\素材\工作任务三——剪贴蒙版合成风景照片\01.jpg"和"第七章素材\素材\工作任务三——剪贴蒙版合成风景照片\02.jpg"文件，选择多边形套索工具，沿着相片内轮廓创建选区，按下"Ctrl+J"组合键，将选区中的图像复制到一个新图层1中，如图7-36所示。

图7-36 创建选区并创建新图层

（2）选择"移动"工具，将"02.jpg"拖曳到"01.jpg"图像窗口中，按"Ctrl+T"组合键对"02.jpg"进行缩放调整，如图7-37所示。

（3）按"Ctrl+Alt+G"组合键，创建剪贴蒙版，此刻就可以看到另一张照片景色了，如图7-38所示。

图 7-37 缩放调整"房子"照片

图 7-38 创建剪贴蒙版

7.4.4 工作任务 4：消失点滤镜编辑照片

1. 任务展示

原图和效果图如图 7-39 所示。

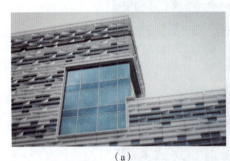

（a）

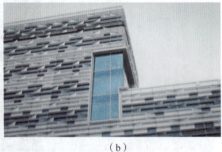

（b）

图 7-39 原图（a）和效果图（b）

消失点滤镜
编辑照片

2. 任务分析

使用消失点滤镜创建出效果逼真的建筑物的"墙面"。

3. 任务要点

根据透视原理，学习在消失点滤镜工具选定的图像区域内进行复制、移动和粘贴图像等操作。

4. 任务实现

（1）按"Ctrl+O"组合键，打开本书"第七章素材\素材\工作任务四——消失点滤镜编辑照片\01.jpg"文件，选择"滤镜"→"消失点"命令，打开"消失点"对话框，如图 7-40 所示。

图 7-40　"消失点"对话框

（2）利用"创建平面工具"  定义 4 个角节点，创建透视平面，可以移动、缩放平面，如图 7-41 所示。

图 7-41　创建透视平面

（3）选择"选框工具" ，在平面中选择需要的区域，如图7-42所示。

图7-42 创建选区

（4）按住Alt键移动选区，将选区复制到目标位置，效果如图7-43所示。

图7-43 移动选区生成效果图

【任务拓展】

7.5　任务拓展

7.5.1　任务拓展1：火焰抠像

1. 任务目的
- 掌握通道抠像原理。
- 掌握用通道对包含半透明信息的对象进行抠像的方法。

2. 任务内容
将火焰从黑色背景中提取出来，并能够完好地融合在其他场景中。

火焰抠像

3. 任务步骤

（1）按"Ctrl+O"组合键，打开本书"第七章素材\素材\任务拓展一——火焰抠像\01.jpg"文件，挑选通道。

火焰抠像的特点在于，火焰具有丰富的半透明光影信息，要以是否包含丰富的灰度信息作为标准。如图7-44所示，观察3个通道的特点，如果想突出火焰的透亮特点，就应选择"绿"通道；如果想突出火焰的形，相对弱化火焰亮度层次，那么可选择"红"通道。这里选择"绿"通道。

图7-44　挑选"绿"通道

（2）复制"绿"通道，得到一个名为"绿拷贝"的Alpha通道。按"Ctrl+L"组合键，打开"色阶"对话框，与之前的案例目的不同，这里需要保存丰富的灰度信息，如图7-45所示。

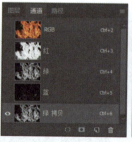

图7-45　利用"色阶"调整参数

（3）按住"Ctrl"键的同时单击"绿拷贝"图层的缩略图，即可将其载入选区，按

"Ctrl+J"组合键，即可得到如图7-46所示的图层。

图7-46 最终"火焰"效果

7.5.2 任务拓展2：婚纱照调色

1. 任务目的

- 掌握通道抠像的原理和方法。
- 掌握图层蒙版的操作方法。

2. 任务内容

将白色婚纱调成粉红色，其他背景色不修改。

婚纱照调色

3. 任务步骤

（1）按"Ctrl+O"组合键，打开本书"第七章素材\素材\任务拓展二——婚纱照调色\01.jpg"文件，观察红、绿和蓝3个通道，选择"红"通道，如图7-47所示。

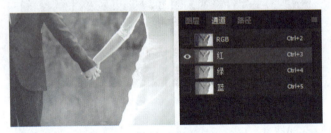

图7-47 挑选通道

（2）复制红色通道，按"Ctrl+L"组合键打开"色阶"对话框进行调整，左侧的三角滑块往右移动，如图7-48所示。

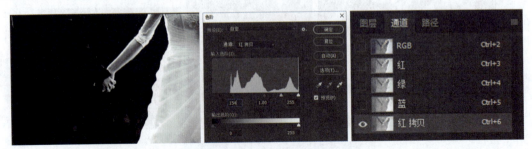

图7-48 利用"色阶"调整参数

（3）按"Ctrl"键的同时单击"红拷贝"通道的缩略图，回到三色视图，回到"图层"面板，按"Ctrl+J"复制图层，命名为"婚纱"图层。打开"创建新的填充或调整图层"中的"色相/饱和度"，按住"Alt"键单击"色相/饱和度"上的蒙版，打开蒙版，用黑色画笔将画面中不需要的白色区域都涂成黑色，如图 7-49 所示。

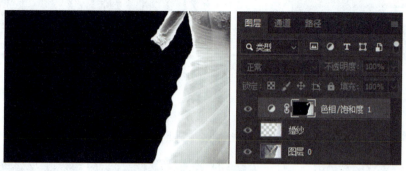

图 7-49　去除画面中不需要的白色

（4）双击"色相/饱和度"的图层缩略图，打开调整的属性面板，勾选"着色"复选框，进行色相、饱和度、明度的调整，效果如图 7-50 所示。

图 7-50　调整色相、饱和度和明度

7.5.3　任务拓展 3：制作牛奶字

1. 任务目的
- 掌握滤镜的操作方法。
- 掌握图层蒙版的操作方法。

2. 任务内容
利用蒙版、滤镜及图层样式制作牛奶字。

制作牛奶字

3. 任务步骤

（1）按"Ctrl+O"组合键，打开本书"第七章素材\素材\任务拓展三——制作牛奶字\01.jpg"文件，单击"通道"面板中的 ![按钮] 按钮，创建一个通道，如图 7-51 所示。选择"横排文字工具"，打开"字符"面板，选择字体并设置字号，文字颜色为白色。单击输入文字，如图 7-52 所示。

图 7-51　创建新通道

图 7-52　新建文字"牛奶"

（2）按"Ctrl+D"组合键取消选择。复制"Alpha 1"通道，如图 7-53 所示。选择"滤镜"→"艺术效果"→"塑料包装"命令，设置参数，效果如图 7-54 所示。

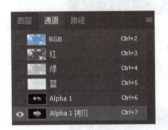

图 7-53　复制通道

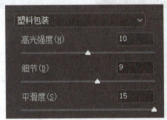

图 7-54　"塑料包装"滤镜参数设置

（3）按住"Ctrl"键，单击"Alpha1 拷贝"通道，载入该通道中的选区，如图 7-55 所示。返回 RGB 复合通道。

图 7-55　拷贝通道并载入选区

（4）新建一个图层，在选区内填充白色，按下"Ctrl+D"组合键取消选择，如图 7-56 所示。

图 7-56　选区内填充白色

（5）按住"Ctrl"键，单击"Alpha1"通道，载入该通道中的选区，执行"选择"→"修改"→"扩展"命令扩展选区，如图7-57所示。

图7-57　扩展选区

（6）单击"图层"面板底部的⬤按钮，基于选区创建蒙版，如图7-58所示。

图7-58　基于选区创建蒙版

（7）双击文字图层，打开"图层样式"对话框，在左侧列表中选择"投影"和"斜面和浮雕"选项，添加这两种效果，如图7-59所示。

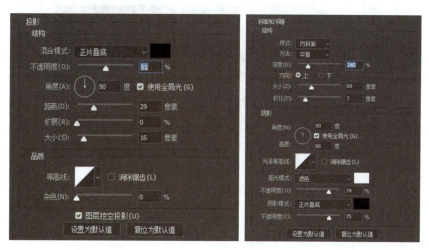

图7-59　设置"投影"和"斜面和浮雕"参数

（8）新建一个图层。将前景色设置为黑色，选择椭圆工具，在工具选项栏选择"像素"选项，按住"Shift"键，在画面中绘制几个圆形，如图7-60所示。

（9）选择"滤镜"→"扭曲"→"波浪"，参数设置如图7-61所示，对圆点进行扭曲，如图7-61所示。

（10）按"Ctrl+Alt+G"组合键创建剪贴蒙版，生成牛奶字，如图7-62所示。

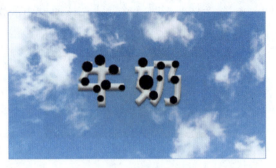

图 7-60   绘制黑色圆形

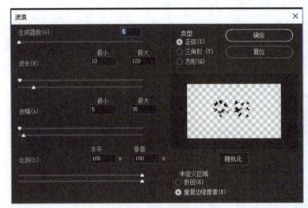

图 7-61   应用"波浪"滤镜

图 7-62   最终牛奶字效果图

【任务总结】

通过本工作领域的学习，熟悉了蒙版、通道的原理和滤镜的功能，练习了通道、蒙版和滤镜的基本操作，巩固并提升了利用蒙版合成图像、利用通道抠像以及利用滤镜操纵图像中的像素生成特效的操作技能。这里给同学们一个建议：如果想成为 PS 高手，蒙版和通道这两关必须要闯过。有同学感觉通道有些难，但再难我们也要攻克，因为通道是整个 PS 中最核心的功能。同时，也要熟练使用滤镜，因为它可以让普通的图像呈现出令人惊奇的视觉效果。当然，在任务完成的过程中，请同学们注意养成严谨、细致的操作习惯，追求精益求精的工匠精神。

【任务评价】

根据下表评分要求和准则，结合学习过程中的表现开展自我评价、小组评价、教师评价，以上三项加权平均计算出最后得分。

考核项	项目要求		评分准则	配分	自评	互评	师评
基本素养 (20分)	学习态度 (8分)	按时上课，不早退	缺勤全扣，迟到早退一次扣2分	2分			
		积极思考、回答问题	根据上课统计情况得1~4分	4分			
		执行课堂任务	此为否定项，违反酌情扣10~100分	0分			
		学习用品准备	自己主动准备好学习用品并齐全	2分			
	职业道德 (12分)	主动与人合作	主动合作4分，被动合作2分	4分			
		主动帮助同学	能主动帮助同学4分，被动2分	4分			
		严谨、细致	对工作精益求精，效果明显4分；对工作认真2分；其余不得分	4分			
核心技术 (40分)	知识点 (20分)	1. 通道原理以及通道创建、复制、删除的运用 2. 蒙版原理和各种蒙版的创建、编辑、删除和应用 3. 滤镜的功能和使用规则	根据在线课程完成情况得1~10分	10分			
			能根据思维导图形成对应知识结构	10分			
	技能点 (20分)	1. 熟练掌握用通道抠像的基本操作流程 2. 熟练掌握运用蒙版进行图像合成的基本操作 3. 熟练掌握滤镜的基本操作	课上快速、准确明确工作任务要求	10分			
			清晰、准确完成相关操作	10分			
任务完成情况 (40分)	按时保质保量完成工作任务 (40分)	按时提交	按时提交得10分；迟交得1~5分	10分			
		内容完成度	根据完成情况得1~10分	10分			
		内容准确度	根据准确程度得1~10分	10分			
		平面设计创意	视见解创意实际情况得1~10分	10分			
合计				100分			
总分【加权平均（自我评价20%，小组评价30%，教师评价50%）】							
小组组长签字			教师签字				

结合老师、同学的评价及自己在学习过程中的表现，总结自己在本工作领域的主要收获和不足，进行星级评定。

评价内容	主要收获与不足	星级评定
平面设计知识层面		☆ ☆ ☆ ☆ ☆
平面设计技能层面		☆ ☆ ☆ ☆ ☆
综合素质层面		☆ ☆ ☆ ☆ ☆

工作领域八

综合实战

本部分是对前面所学知识、命令、技巧的综合运用。通过完成各领域典型案例的制作，巩固前面所学的知识和技能。

【任务目标】

- 掌握海报设计的步骤及方法。
- 掌握包装设计技巧及表现方法。
- 掌握广告设计的方法和技巧。
- 掌握网页设计的方法及技巧。

【任务导图】

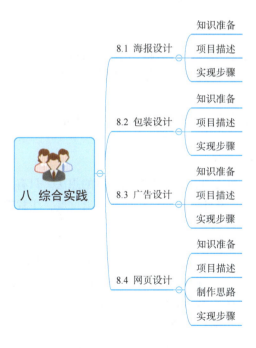

8.1 海报设计

【知识准备】

Photoshop 平面设计的一个重要领域就是海报设计，它能使设计者的创

海报设计

作意图得以完美展现。在设计之前，要先了解海报设计的相关内容。

1. 海报的定义及特点

海报又称为招贴画，是极为常见的一种信息传递艺术，多用于电影、戏剧比赛和文艺演出等活动，一般粘贴在街头墙上或者橱窗里引人注目的地方。海报的语言要求简明扼要，一目了然，形式要做到新颖美观，引人入胜。海报中通常要写清楚活动的性质、主办单位、时间、地点等内容。

海报的三大构成要素是图形、文字、色彩。海报的特点表现在信息传递快、传播途径广、时效长、可连续张贴且能大量复制。

2. 海报设计的注意事项

海报设计要做到主题突出，目的明确，言简意赅，所采用的图片素材能够很好地为主题服务，让人一眼就能看出所要表达的意境。在设计时要注意以下几点。

1）尺寸要求

海报一般都是按照张贴地点定尺寸的，所以并无统一标准。需要注意，如果是大海报，分辨率不需要太高，72 ppi 或者是更低皆可。

2）内容要求

海报内容要求主题明确，一定要具体、真实地写明活动的时间、地点和内容，可以使用一些号召性的词语，但不可夸大事实。在接到设计任务时，首先要弄清楚自己所设计的海报的作用。

3）字体要求

海报文字要求简洁明了，字体浑厚清晰，绝不允许出现错别字，若涉及较多文字，则可采用一些艺术性的字体，以使美观。力求做到重点文字突出，符合阅读的习惯。

4）色彩要求

色彩搭配要鲜明醒目，但不能使人眼花缭乱，设计元素不可过多，要适当留白，并且符合海报设计的整体意境。

5）有创造性和新颖性

创意是海报设计的核心和灵魂，是作者与众不同的想法。只有好的创意才能让海报承载的信息更为有效地传播。所以，设计海报时，必须要突出重点，注意其视觉效果与艺术价值。

【项目描述】

生态环保问题任重而道远，如何发挥公益海报的职能，让环保公益海报能真正为生态环保代言，是值得探讨的话题。本例将练习设计"犀牛环保公益海报"，如图 8-1 所示。整个画面以暗色调为主，犀牛主体出现裂纹，甚至剥落，突出"易碎"的效果，加之文字的裂纹图案效果，呼吁人们保护珍稀动物刻不容缓。通过本例的制作，读者可以熟练掌握磁性套索工具、渐变工具、文本工具、画笔工具、图像变换和利用蒙版合成图像等操作方法和技巧。

【实现步骤】

（1）按"Ctrl+O"组合键，打开本书"第八章素材\素材\海报设计\01.jpg"文件，用磁性套索工具选中犀牛，如图 8-2 所示。

图 8-1 犀牛环保公益海报效果图

图 8-2 创建选区

（2）单击 选择并遮住... 按钮，打开"调整边缘"对话框，在"视图"列表中选择"黑底"，勾选"智能半径"，调整相应的参数，如图 8-3 所示。

图 8-3 设置"调整边缘"对话框参数

（3）单击"确定"按钮关闭对话框，重新显示选区。单击"添加图层蒙版"按钮，从选区中生成蒙版，并应用图层蒙版，重命名图层为"犀牛"，如图 8-4 所示。

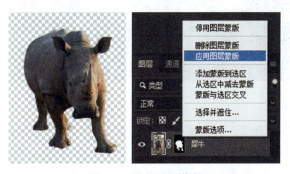

图 8-4 添加图层蒙版

（4）按下"Ctrl+N"快捷键，新建宽度 3 000 像素、高度 2 000 像素的文档，命名为"公益海报.psd"。双击背景层，新建"背景"图层，填充黑色。将第（3）步中生成的"犀牛"图层复制到"公益海报.psd"文档中，按"Ctrl+T"组合键对犀牛进行调整，效果如图 8-5 所示。

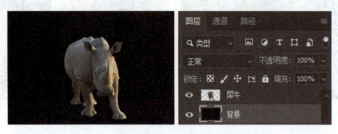

图 8-5　复制犀牛图层到新建文档中

（5）复制犀牛图层，将前景色设置为灰褐色（R:76、G:67、B:52），使用渐变工具 ，填充一个倾斜的线性渐变，如图 8-6 所示。

图 8-6　填充线性渐变

（6）按"Ctrl+O"组合键，打开本书"第八章素材\素材\海报设计\02.jpg"文件，用移动工具 将其拖至"公益海报.psd"文档中，按"Ctrl+T"组合键对沙子地面进行调整，单击"添加图层蒙版"按钮 为图层添加蒙板，利用柔角画笔工具 在地面周围涂黑，让地面图像能融合在黑色背景中，如图 8-7 所示。

图 8-7　为"沙子地面"添加图层蒙版

（7）按"Ctrl+O"组合键，打开本书"第八章素材\素材\海报设计\03.jpg"文件，并拖至"公益海报.psd"文档中，按"Ctrl+T"组合键，旋转裂纹图像的角度，移动裂纹图像的位置，并且设置裂纹图像混合模式为"变暗"，形成裂纹效果，如图 8-8 所示。

图8-8 设置裂纹效果

（8）按"Alt+Ctrl+G"组合键创建剪贴蒙版，如图8-9所示。

图8-9 创建剪贴蒙版

（9）按住"Ctrl"键并单击"犀牛"图层缩略图，单击"裂纹"图层，创建图层蒙版，在蒙版上用画笔涂抹，隐藏面部裂纹，只保留犀牛身体裂纹效果，如图8-10所示。

图8-10 隐藏面部裂纹

（10）复制"裂纹"图层，产生"裂纹拷贝"图层，按"Ctrl+T"组合键，重新旋转裂纹图像的角度，移动裂纹图像的位置，在蒙版上利用画笔工具 涂抹黑色，隐藏犀牛身体裂纹，只保留犀牛面部裂纹效果，如图8-11所示。

图8-11 隐藏身体裂纹

（11）单击"犀牛拷贝"图层，利用钢笔工具 在犀牛身体制作如图8-12所示的路径，按"Ctrl+Enter"组合键转换成选区，按"M"键切换到选区工具，右击，选择"通过剪切的图层"，如图 8-12（b）所示，生成新图层，命名为"碎片"图层。

（a） （b）

图 8-12 制作剥落碎片路径和选区

（12）单击"碎片"图层，按"Ctrl+T"组合键旋转碎片的角度，向下移动碎片的位置，如图 8-13 所示。

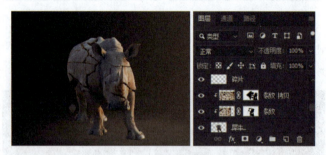

图 8-13 剥落碎片下落效果

（13）单击"犀牛拷贝"图层，利用"钢笔工具" 在犀牛身体制作如图 8-14（a）所示路径，按"Ctrl+Enter"组合键转换成选区，按"M"键切换到选区工具，右击，选择"通过剪切的图层"，生成新图层，命名为"碎片 2"图层，如图 8-14（b）所示。单击"碎片 2"图层，按"Ctrl+T"组合键，旋转碎片的角度，稍稍向下移动碎片的位置，如图 8-14（c）所示。

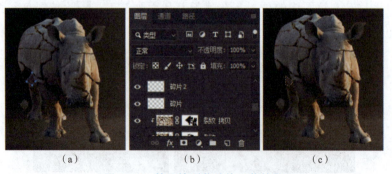

（a） （b） （c）

图 8-14 第 2 块剥落碎片下落效果

（14）按"Ctrl+O"组合键，打开本书"第八章素材\素材\海报设计\04.png"文件，并复制图层至"公益海报.psd"文档中，重命名为"飞溅碎石"图层，按"Ctrl+T"组合键，旋转飞溅碎石的角度，移动碎片的位置，如图8-15所示。

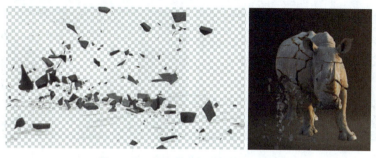

图 8-15　变换角度及移动碎片效果

（15）单击"飞溅碎石"图层，创建图层蒙版，在蒙版上用画笔涂黑，隐藏部分碎石。单击"创建新的填充或调整图层"按钮 ，选中"色彩平衡"，调整参数，让碎石颜色和犀牛身体颜色融合，如图8-16所示。

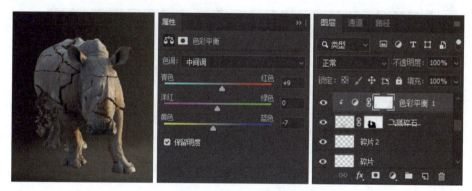

图 8-16　设置"色彩平衡"参数

（16）按"Ctrl+O"组合键，打开本书"第八章素材\素材\海报设计\05.png"文件，并复制图层至"公益海报.psd"文档中，重命名为"土堆"图层，按"Ctrl+T"组合键，对土堆图像进行变形，并移动位置，创建蒙版，将土堆底边隐藏，让其与背景的土地融为一体，再复制"土堆"图层两次，分别添加蒙版，利用画笔工具 涂抹黑色，效果如图8-17所示。

图 8-17　土堆变形和移动效果

（17）新建一个图层，命名为"光"。选择多边形套索工具 ![](羽化 50 像素），创建 3 个选区。填充白色，制作 3 束由右上方投射的光线，如图 8-18 所示。

图 8-18　制作 3 束光线

（18）设置该图层的混合模式为"柔光"，不透明度为 40%，如图 8-19 所示。用橡皮擦工具 ![]（柔角，不透明度 30%）修饰一下犀牛身上的光线，将多余的部分擦除。用画笔工具 ![]在画面右上角及地面的土堆上涂抹一些白色，营造一种柔和的光源氛围。

图 8-19　调整修饰光线

（19）单击文字工具 ![]，新建文字图层，输入文字"保护珍稀动物"，选择"方正小标宋简体"字体，字号 102 点。按"Ctrl+O"组合键，打开本书"第八章素材\素材\海报设计\03.jpg"文件，复制图层到"公益海报.psd"文档中，命名为"裂纹 2"图层，按"Alt+Ctrl+G"组合键创建剪贴蒙版，如图 8-20 所示。

图 8-20　制作"保护珍稀动物"文字

（20）单击矩形选框工具■，创建一个细长方框，填充颜色（R:199，G:160，B:140）。单击文字工具■，新建文字图层，输入文字"北部白犀牛2018年已绝迹"，选择"微软雅黑"字体，字号56点，设置字体颜色（R:218，G:192，B:167），如图8-21所示。

图8-21　制作"北部白犀牛2018年已绝迹"文字

【项目总评】

本案例整体效果呈现经过"抠图—设置背景—实现裂纹、碎片、飞溅碎石效果—添加文字"四个环节。

抠图时使用套索工具、调整边缘命令、图层蒙版相结合，要注意细节把控，要求精益求精；通过渐变工具设置背景，在渐变色调的把握时，要考虑选择与作品主题风格一致的颜色，尽量追求整体意境协调；裂纹、碎片、飞溅碎石效果是图像合成的重点，通过图层蒙版、图像选择与变换等多种工具配合完成，合成图像时，力求做到效果逼真且有强烈的视觉冲击力；最后利用文字工具进一步突出海报主题。

创意是海报设计的灵魂，注重观察和思考，结合实际，利用所学将真、善、美的理念注入作品，传递正能量，是我们在海报设计时应该不断追求的目标。

8.2　包装设计

包装设计

【知识准备】

Photoshop平面设计的一个重要领域就是海报设计，它能使设计者的创作意图得以完美展现。在设计之前，要先了解海报设计的相关内容。

1. 包装的定义及成功要素

包装设计即指选用合适的包装材料，运用巧妙的工艺手段，为包装商品进行的容器结构造型和包装的美化装饰设计。

成功的包装设计必须具备以下6个要点：

（1）货架印象。

（2）可读性。

（3）外观图案。

（4）商标印象。

（5）功能特点说明。

（6）提炼卖点及卖点图文化。

2. 包装的构成要素

包装（packaging）是品牌理念、产品特性、消费心理的综合反映，它直接影响到消费者的购买欲。我们深信，包装是建立产品与消费者亲和力的有力手段。包装的功能是保护商品、传达商品信息、方便使用、方便运输、促进销售、提高产品附加值。包装作为一门综合性学科，具有商品和艺术相结合的双重特性。

1）外形要素

外形要素就是商品包装展示面的外形，包括展示面的大小、尺寸和形状。日常生活中所见到的形态有 3 种，即自然形态、人造形态和偶发形态。

形态构成就是外形要素，或称其为形态要素，就是以一定的方法、法则构成的各种千变万化的形态。形态是由点、线、面、体这几种要素构成的。包装的形态主要有：圆柱体类、长方体类、圆锥体类、各种形体及有关形体的组合及因不同切割构成的各种形态。包装形态构成的新颖性对消费者的视觉引导起着十分重要的作用，奇特的视觉形态能给消费者留下深刻的印象。包装设计者必须熟悉形态要素本身的特性及其表情，并以此作为表现形式美的素材。

在考虑包装设计的外形要素时，还必须从形式美法则的角度去认识它。按照包装设计的形式美法则结合产品自身功能的特点，将各种因素有机、自然地结合起来，以求得完美统一的设计形象。

包装外形要素的形式美法则主要从以下 8 个方面加以考虑：

- ➢ 对称与均衡法则
- ➢ 安定与轻巧法则
- ➢ 对比与调和法则
- ➢ 重复与呼应法则
- ➢ 节奏与韵律法则
- ➢ 比拟与联想法则
- ➢ 比例与尺度法则
- ➢ 统一与变化法则

2）构图要素

构图是将商品包装展示面的商标、图形、文字和组合排列在一起的一个完整的画面。这 4 个方面的组合构成了包装装潢的整体效果。商品设计构图要素——商标、图形、文字和色彩运用得正确、适当、美观，就可称为优秀的设计作品。

【项目描述】

1. 客户需求

ICE Castle 是一个冰淇淋品牌，其甜品包括了鲜果冰城、悉尼之风、冰雪奇缘、马卡龙等，主要口味有香草、抹茶、巧克力、芒果等。现推出新款草莓口味冰淇淋，要求为其制作一款独立包装。设计要求与包装产品契合，抓住产品特色。

2. 设计要求

（1）整体色彩搭配合理，主题突出，给人舒适感。

（2）草莓酱与冰淇淋球的搭配带给人甜蜜细腻的口感，突出产品特色。

（3）字体的设计与宣传的主体相呼应，达到宣传的目的。

（4）整体设计简洁方便，易给人好感，产生购买欲望。

（5）设计规格为 10.3 cm×7.5 cm，分辨率为 300 ppi。

效果如图 8-22 所示。

图 8-22　草莓冰淇淋包装设计效果图

【实现步骤】

1. 制作冰淇淋包装贴纸

（1）按"Ctrl+N"组合键，设置宽、高为 7.5 cm×7.5 cm，分辨率为 300 ppi，单击"创建"按钮，如图 8-23 所示。

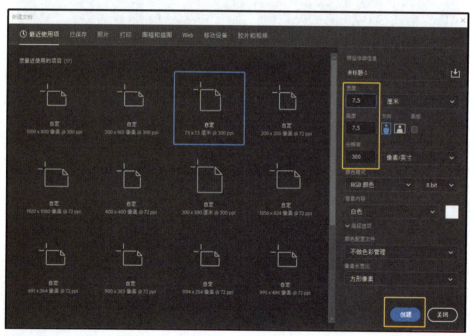

图 8-23　新建文档

（2）制作标签背景。选择椭圆工具，在属性栏中设置填充颜色为橘黄色（H:52，S:100，B:96），无描边，按住"Shift"键的同时按住鼠标左键，绘制圆形。按"Ctrl+J"组合键复制图层。按住"Alt"键进行缩放，调整形状大小。然后为其添加图层样式，添加"投影"样式，设置"投影"的"不透明度"和"大小"，如图 8-24 所示。

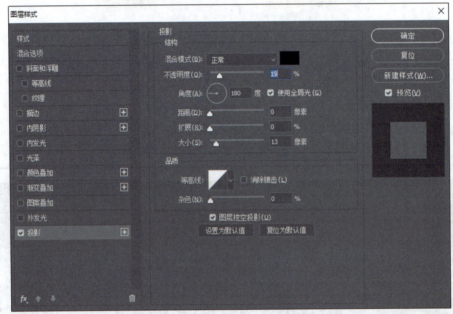

图 8-24　制作标签背景

（3）塑造冰淇淋的主体。按下"Ctrl+O"组合键，打开 01 文件。选择"移动工具"，将其拖曳到图像中适当的位置，并命名为"冰淇淋"，如图 8-25 所示。为了提升冰淇淋的主体地位，在图层面板中添加"色阶"调整图层，将左侧滑块向右滑动，增加冰淇淋的对比度，然后在"色阶"面板下方单击"此调整剪切到此图层"按钮，如图 8-26 所示。

（4）再次在图层面板中添加"色相/饱和度"调整图层，增加饱和度为 40，使冰淇淋在画面中更加突出。然后选择"画笔"工具，在空白处右击，选择"柔边

图 8-25　导入冰淇淋

圆"笔刷，设置前景色为"黑色"，在蒙版中涂抹草莓部分，避免草莓的颜色过于饱和，如图 8-27 所示。

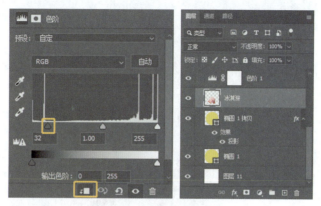

图 8-26 塑造冰淇淋主体

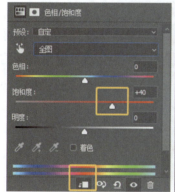

图 8-27 调整冰淇淋饱和度

（5）选择"横排文字工具"，在合适位置输入文字"鲜甜草莓冰淇淋"，换行输入"Strawberry Flavor Ice Cream"，分别设置字体、大小、颜色。其中，中文部分为"幼圆""15 点""玫红色（H:353，S:63，B:99）"，英文部分为"等线""6 点""玫红色"，然后调整上下间距，如图 8-28 所示。

图 8-28 输入文字

选择"横排文字工具",在合适位置输入文字"净含量 90 克",设置字体为"幼圆",大小为"9 点",颜色为"灰绿色(H:83,S:38,B:66)",数字字体为"Bahnschrift",如图 8-29 所示。

图 8-29　输入文字

(6)将品牌 Logo 和绿色标志放入图像。按下"Ctrl+O"组合键,按住"Shift"键的同时加选 Logo 和 03 文件,单击打开。选择"移动工具",分别将它们拖曳到图像中适当的位置,并将图层命名为"Logo"和"标志",如图 8-30 所示。

(7)将背景层隐藏,将文件保存为"包装贴纸.psd",效果如图 8-31 所示。

图 8-30　加入 Logo 和绿色标志

图 8-31　隐藏背景效果

2. 制作冰淇淋包装设计效果

按"Ctrl+N"组合键,命名为"冰淇淋包装设计图",设置宽、高为 10.3 cm×7.5 cm,分辨率为 300 ppi,设置背景颜色为浅紫色(H:283,S:27,B:89),单击"创建"按钮,如图 8-32 所示。

按"Ctrl+O"组合键,按住"Shift"键的同时加选 05 和 06 文件,单击打开。选择"移动工具",分别将它们拖曳到图像中适当的位置,并将图层命名为"叶子"和"芝麻"。为"叶子"图层添加图层样式,添加投影,设置投影的不透明度、距离和大小,如图 8-33 所示。

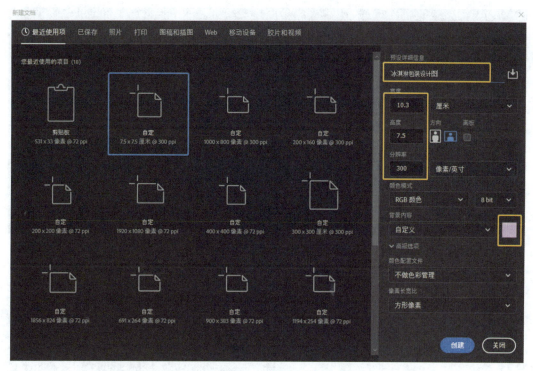

图 8-32　新建文档

图 8-33　添加图层样式

　　为使叶子更加清新、翠绿，在"叶子"图层的上方新建调整图层"色阶"和"自然饱和度"，调整参数，增强叶子的对比度和饱和度，并设置"此调整剪切到此图层"，使调整图层只影响叶子图层，如图 8-34 所示。

　　按"Ctrl+O"组合键，打开 02 文件。选择"移动工具"，将其拖曳到图像中适当的位置，并将图层命名为"圆盘"，单击"添加图层样式"按钮，选择"投影"，设置不透明度、距离、大小等参数，如图 8-35 所示。

　　选择"文件"→"置入嵌入对象"命令，选择"包装贴纸.psd"，单击置入。然后调整"包装贴纸.psd"大小，摆放到"圆盘"中，如图 8-36 所示。

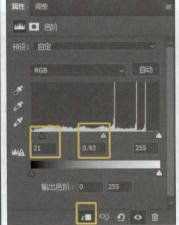

图 8-34　调整色阶和自然饱和度

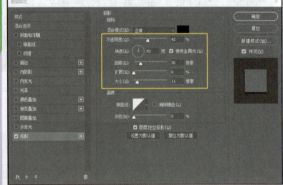

图 8-35　添加图层样式

图 8-36　置入嵌入对象

　　按"Ctrl+O"组合键，打开 04 文件。选择"移动工具"，将其拖曳到图像中适当的位置，并将图层命名为"草莓"，单击"添加图层样式"按钮，选择"投影"，设置不透明度、距离、大小等参数，如图 8-37 所示。

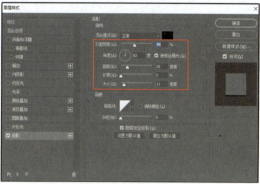

图 8-37　添加图层样式效果

至此，草莓冰淇淋包装设计效果图制作完成，如图 8-22 所示。

【项目总评】

本案例整体效果呈现经过"制作包装贴纸—制作背景—合成"三个环节。

制作包装贴纸时，使用调色工具、文字工具、移动工具等相结合。调色时，注意色彩搭配，要求和谐统一；制作背景时，使用了添加图层样式、色阶、自然饱和度等命令，让背景与主体分清主次，起到装饰作用；最后合成图像时，力求做到整体的构图合理，色彩搭配和谐，贴纸与背景相融合。

在考虑包装设计的外形要素时，还必须从形式美法则的角度去认识它。按照包装设计的形式美法则结合产品自身功能的特点，将各种因素有机、自然地结合起来，以求得完美、统一的设计形象。

8.3　广告设计

【知识准备】

在商品竞争日益激烈的今天，广告成为商品畅销的重要影响因素之一，Photoshop 平面设计中，广告设计也是非常重要的一个设计内容，它能使设计者的创作意图得以完美展现。在设计之前，要先了解广告设计的相关内容。

房地产广告设计

1. 广告设计的定义及特点

广告设计是最大、最快、最广泛的信息传递媒介，是为产品、品牌、活动等所做的广告，也包括店铺、公共场所张贴的广告，是以加强销售目的所做的设计，主要通过文字、图片等视觉元素来传播广告项目的设想和计划。

2. 构图原则

为了让产品最终得到客户的认可，在设计广告时，应使构图符合以下原则。

和谐：单独的一种颜色或者一个要素不能称为和谐。几种要素具有基本的共同性和融合性才称为和谐。

对比：对比又称对照，把质和量反差甚大的两个要素成功匹配到一起，使人感受到鲜明、强烈的感触而仍具有统一感的现象称为对比，它能使主题更加鲜明，作品更加活跃。

对称：对称又称均齐，假如在某一图像的中央设一条垂直线，将图像划分为相等的左、右两部分，其左、右两部分的形状完全相等，这个图像就是左右对称的图像，这条垂直线称为对称轴。除此之外，还有上下对称、四面对称和点对称。

平衡：平衡是动态的特征，如人体运动、鸟的飞翔、兽的奔驰、风吹草动、流水激浪等都是平衡的形式，因而平衡的构成具有动态。

比例：比例是部分与部分或者部分与全体之间的数量关系，是构成设计中一切单位大小，以及各单位间编排组合的重要因素。

3. 广告设计的注意事项

广告设计要做到主题突出，目的明确，言简意赅，所采用的图片素材能够很好地为主题服务，让人一眼就能看出所要表达的意境。在设计时，要注意以下几点。

（1）准确表达广告信息：广告是一门实用性很强的学科，有明确的目的性，准确表达广告信息是广告设计的首要任务，广告主要通过文字、色彩、图形信息将信息准确地表达出来。但也要注意，由于文化水平、个人经历、受教育程度不同、理解能力不同，消费者对信息的感受和反应也不一样，所以设计广告时需仔细把握。

（2）树立品牌形象：企业的形象和品牌决定了企业和产品在消费者心中的地位，这一地位通常靠企业的实力和广告战略来维护与塑造。

引导消费：信息详细且具体的平面广告可以直接打动消费者，引导消费者的购买欲望。

满足消费者审美要求：衣服色彩绚丽、形象生动的广告作品，能以其非同凡响的美感力量增加广告的感染力，使消费者沉浸在商品和服务形象给予的愉悦中，使其自觉接受广告的引导，因此，从满足消费者物质文化和生活方式审美的需求出发，通过夸张、联想、象征、比喻、诙谐、幽默等手法对画面进行美化处理，可有效引导其在物质文化和生活方式上的消费观念。

【项目描述】

本例是房地产广告，采用相同色调的素材图像让画面色彩统一，而黄色的浮雕文字与蓝色背景互相辉映，既有和谐，又有对比。整体设计高端大气，主题突出，引人注目，让消费者产生信任和亲切感。整个设计以蓝色调为主，画面既要有高贵感，又要营造出让人过目不忘的高端大气感，符合广告设计的要求。应用到图层样式的设置、图层蒙版的使用、文字的输入、画笔工具的使用、图层混合模式的使用等。制作之前，可以先安装素材中的字体。

【实现步骤】

（1）按"Ctrl+N"组合键，新建一个长 30 cm、宽 40 cm 的图像，分辨率为 150 ppi 的图像。打开"素材\广告设计素材\星光背景 .jpg"文件，使用移动工具将图像拖曳到新建的图像中，按"Ctrl+T"组合键自由变换，将图像充满整个画面，合并两个图层，如图 8-38 所示。

（2）新建图层 1，选择渐变工具 ▣ ，打开"渐变编辑器"对话框，设置渐变的颜色从黑色到灰色，如图 8-39 所示。单击工具属性栏上渐变类型中的"径向渐变"，从图像中间向四周拖曳，得到径向渐变填充的效果，如图 8-40 所示。

图 8-38　星光背景合并

图 8-39　渐变颜色设置

图 8-40　径向渐变填充效果

（3）在"图层"面板上设置图层 1 的混合模式为"柔光" ，将背景和渐变效果叠加在一起，如图 8-41 所示。

图 8-41　柔光效果设置

（4）打开素材文件中的"丝绸.jpg"图像，将其移动到当前编辑的图像中，使用自由变换工具适当调整图像大小。调整位置，将其放置在画面中间。

（5）单击"图层"面板底部的"添加图层蒙版命令"按钮，设置前景色为黑色，使用柔边圆画笔对绸缎图像的上下进行涂抹，隐藏图像的边缘，使其更加融入背景。同时，设置图层 2 的不透明度为"63%"，得到较为透明的图像效果，如图 8-42 所示。

（6）新建图层，设置前景色为深蓝色（R:22，G:43，B:53），使用画笔工具在画面右上方涂抹，画笔不透明度设置为"75%"，加深图像的颜色，增加画面的层次感，如图 8-43 所示。

（7）单击"图层"面板下方的"创建新的填充或调整图层"按钮，打开"色相/饱和度"选项，设置色相和饱和度分别为+21、+42，如图 8-44 所示。

图 8-42　蒙版使用效果　　　　图 8-43　加深画面层次　　　　图 8-44　色相/饱和度设置

（8）按"Ctrl+O"组合键打开"蓝花"图像，使用"移动工具"将图像拖曳到当前编辑的图像中，放置在画面的上方，调整合适的位置和大小，在"图层"面板中设置图层混合模式为"滤色",图像不透明度设置为"70%",效果如图 8-45 所示。

　　(9) 按"Ctrl+O"组合键打开"楼房"图像,使用移动工具 ✛ 将图像拖曳到当前编辑的图像中,放置在画面的下方,调整位置和大小,如图 8-46 所示。单击"图层"面板下面的"添加图层蒙版"按钮,添加图层蒙版,设置前景色为黑色,使用柔边圆画笔对楼房下面部分进行涂抹,隐藏图像,效果如图 8-47 所示。

图 8-45　添加不透明度效果

图 8-46　添加楼房图像

图 8-47　涂抹楼房下方效果

　　(10) 按"Ctrl+J"组合键复制楼房图像,选择"编辑"→"变换"→"垂直翻转"命令将图像进行翻转,并用移动工具将翻转的图像放置到下方,如图 8-48 所示。

　　(11) 单击"图层"面板底部的"创建新的填充和调整图层"按钮,选择"曲线"命令,先调整 RGB 曲线样式,总体将图像调亮,如图 8-49 所示。打开"蓝"通道,在曲线中间添加节点并向下拖动节点,为图像调整蓝色调,如图 8-50 所示。

图 8-48　复制和翻转图像

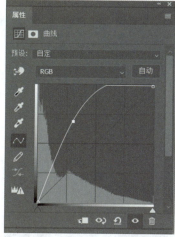

图 8-49　调整曲线

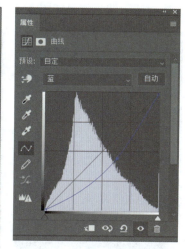

图 8-50　调整蓝通道

　　(12) 调整好曲线之后,创建剪贴蒙版,楼房轮廓更加明亮,色调也与整体更加统一。

最后用黑色画笔在蒙版上涂抹下方的楼房，隐藏部分图像，效果如图 8-51 所示。

（13）新建图层，设置前景色为（R:0，G:102，B:107），选择画笔工具，在工具属性栏设置画笔不透明度为"80%"，在楼房中间位置绘制蓝色圆形图像，如图 8-52 所示；在"图层"面板中设置该图层的混合模式为"变亮"，不透明度为"60%"，得到的图像效果如图 8-53 所示。

图 8-51　隐藏图像效果　　　　图 8-52　绘制蓝色圆形图像　　　　图 8-53　混合模式设置

（14）单击"图层"面板底部的"创建新的填充和调整图层"按钮，在打开的下拉列表中选择"照片滤镜"选项，设置色块颜色为（R:0，G:255，B:234），设置滤镜浓度为"69%"，如图 8-54 所示，最终得到的效果如图 8-55 所示。

（15）按"Ctrl+O"组合键打开"光芒"图像，使用移动工具将图像拖曳到当前编辑的图像中，调整位置，按"Ctrl+J"组合键复制"光芒"图层，按"Ctrl+T"组合键自由变换旋转图像，效果如图 8-56 所示。

图 8-54　照片滤镜　　　　图 8-55　设置滤镜后的效果　　　　图 8-56　"光芒"图像的效果

（16）选择"横排文字"工具**T**，在图像上方输入"一城一世界"，在工具属性栏中设置字体为"禹卫书法行书简体"，设置颜色为（R:214，G:186，B:55），调整字体大小为150点，位置调整效果如图8-57所示。

图8-57　输入文字效果

（17）选择"图层"→"图层样式"→"斜面和浮雕"命令，打开"图层样式"对话框，设置样式为"内斜面"，设置深度、大小、软化、高光模式、阴影模式分别为698%、12像素、2像素、颜色减淡、颜色加深，以及光泽等高线和不透明度，如图8-58所示。

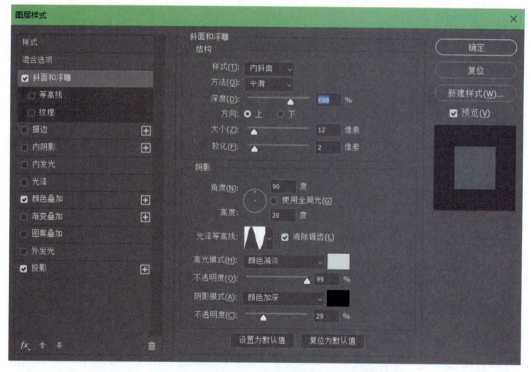

图8-58　图层样式"斜面和浮雕"设置参数

（18）在"图层样式"对话框左侧勾选"颜色叠加"，设置混合模式为"正片叠底"，设置颜色为（R:246，G:192，B:122），如图 8-59 所示；继续在"图层样式"对话框中设置"投影"效果，投影颜色设置为"黑色"，距离和大小分别设置为 8 像素、11 像素，角度设置为 95 度，不透明度为 100%，效果如图 8-60 所示。

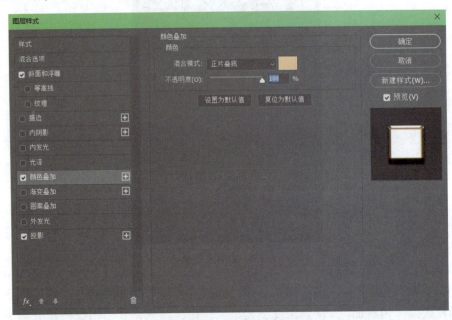

图 8-59　设置颜色叠加的效果

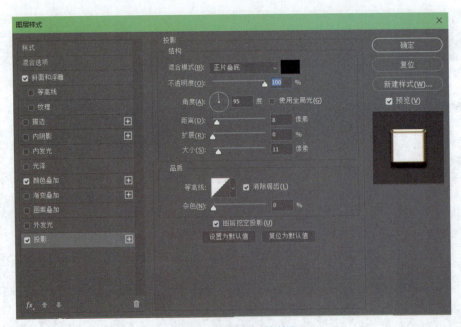

图 8-60　设置投影的效果

（19）图层样式设置后，文字效果如图 8-61 所示。继续选择"横排文字"工具，在图像中部输入"GRAND OPENING"，大小为"45点"，在工具属性栏中选择字体"方正大黑简体"，颜色为白色，如图8-62所示。选择"图层"→"图层样式"→"渐变叠加"命令，打开"图层样式"对话框，设置渐变颜色"白色"→（R:132，G:208，B:240）→"白色"，得到渐变叠加的文字效果，如图8-63所示。

图8-61　设置多种样式效果　　　　图8-62　输入英文字效果　　　　图8-63　设置渐变叠加效果

（20）在渐变文字的下方分别输入一行文字和一行数字，内容为"万众期待.闪耀登场"，大小为"60点"，数字为"2023.4.28"，大小为"70点"，设置工具属性栏字体为"Adobe 黑体 Std"，颜色为白色，如图8-64所示。在"图层"面板中选择"GRAND OPENING"图层，单击鼠标右键，在弹出的快捷菜单中选择"拷贝图层样式"命令，效果如图8-65所示。

（21）在渐变文字的下方输入一行较小的广告宣传文字，内容为"九境之上，礼遇峯层人生；龙脉之首，君与君和鸣"，大小为"24点"，设置工具属性栏字体为"方正大标宋简体"，颜色为白色，如图8-66所示。

图8-64　设置文字效果　　　　图8-65　拷贝图层样式效果　　　　图8-66　设置广告字效果

（22）打开"白色飞鹤.psd""Logo.psd"图像，使用移动工具 将其拖曳到画面中，调整位置，放置到图像的上方两侧，完成本实例的制作，如图8-67所示。

图8-67　案例完成图像

【项目总评】

本案例整体效果呈现经过"背景的制作和调整—特效文字的制作—具体广告文字输入—添加其他素材"四个环节。

背景的制作和调整使用自由变换命令、画笔工具、图层混合模式等相结合，在渐变背景上添加丝绸和蓝花素材，还添加了楼房素材并通过曲线命令、照片滤镜调整明暗和色彩，让背景更加突出，追求整体意境协调；使用文字工具输入文字并进行图层样式的设置，主要文字使用金黄色并突出文字的立体浮雕效果，让文字更加醒目，有强烈的视觉冲击力；具体文字的设置利用大小不一、层次分明的多种文字来进一步增强广告的主题设计，文字引人注目，让消费者产生信任和亲切感，也让画面更加饱满；添加其他素材合成图像时，添加飞鹤、Logo等素材，进一步突出主题，完善图像，让消费者印象深刻。

设计突出主题，整个设计以蓝色调为主，风格协调统一，画面既有高贵感，又让消费者过目不忘，符合广告设计的要求。设计中应多观察和思考，结合实际，利用所学将自己的灵感和创意注入作品，最终创造出富有吸引力的美好意境，让广告设计具有更强的文化意境，满足大众的精神享受。

8.4　网页设计

【知识准备】

1. 网页设计的定义及特点

网页设计，是根据企业希望向浏览者传递的信息（包括产品、服务、理念、文化），进行网站功能策划，然后进行的页面设计美化工作。作为企业

网页设计

对外宣传物料中一种，精美的网页设计，对于提升企业的互联网品牌形象至关重要。网页设计要能充分吸引访问者的注意力，让访问者产生视觉上的愉悦感。因此，在网页创作的时候，就必须将网站的整体设计与网页设计的相关原理紧密结合起来。网站设计是将策划方案中的内容、网站的主题模式，结合自己的认知，通过艺术的手法表现出来。

网页设计一般分为三种大类：功能型网页设计（服务网站和 B/S 软件用户端）、形象型网页设计（品牌形象站）、信息型网页设计（门户站）。设计网页的目的不同，应选择不同的网页策划与设计方案。

2. 网页设计的注意事项

1）页面内容要新颖

网页内容的选择要不落俗套，要重点突出一个"新"字，这个原则要求我们在设计网站内容时不能照抄别人的内容，要结合自身的实际情况创作出一个独一无二的网站。放眼望去，网上的许多个人主页简直就是"杂货店"，内容包罗万象，题材千篇一律，人人都是"软件下载"，个个都有"网络导航"，从头到尾找不出一丝"鲜"意。所以，设计网页时，要把功夫下在选材上。选材要尽量做到"少"而"精"，又必须突出"新"。

2）善用模块来布局

不要把一个网站的内容像作报告似的罗列出来，要注意多用模块化把网站内容的层次性和空间性突出显示出来，使人一眼就能看出网站重点突出，结构分明。

3）注意视觉效果

设计 Web 页面时，一定要提前设定好分辨率。许多浏览器使用 1 024×768 像素的分辨率，尽管在 1 280×1 024 像素高分辨率下一些 Web 页面看上去很具吸引力，但在 1 024×768 像素的模式下可能会黯然失色。做一点小小的努力，尽量设计一个在不同分辨率下都能正常显示的网页。

4）网页风格要统一

网页上所有的图像、文字，包括背景颜色、区分线、字体、标题、注脚等，要统一风格，贯穿全站。这样看起来舒服、顺畅，网站会读者留下"很专业"的印象。

5）有创造性和新颖性

创意是设计的核心和灵魂，是作者与众不同的想法。只有好的创意才能让海报承载的信息更为有效地传播。所以，设计网页时，必须要突出重点，注意其视觉效果与艺术价值。

【项目描述】

mYm 宜米家居公司是一家具有设计感的现代家具公司，其产品秉承北欧简约风格，传递简约自然的生活概念，重点打造简约、时尚、现代家居风格。为开发线上购物平台，要求设计一款网站首页，设计要符合产品的宣传主题，体现品牌特点，如图 8-68 所示。

【实现步骤】

（1）按"Ctrl+N"组合键，输入宽、高数值为 1 920×3 174 像素，分辨率为 72 像素/英寸，背景色为白色，新建文件，如图 8-69 所示。

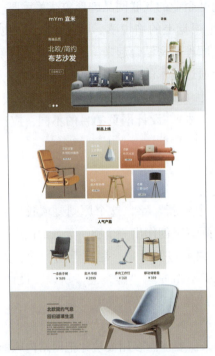

图 8-68　制作生活家居类网站首页效果图　　　　图 8-69　新建图像

（2）选择"矩形工具"，在属性栏中设置填充颜色为"浅灰色"，绘制矩形，如图 8-70 所示。按"Ctrl+J"组合键复制矩形，在属性栏中设置填充颜色为"棕色"，按"Ctrl+T"组合键，将右侧宽度缩小，如图 8-71 所示。

（3）按"Ctrl+O"组合键，打开素材 01，拖曳到适当的位置，命名为"窗口"。按"Ctrl+O"组合键，打开素材 02、03 文件，将其为别拖曳到图像窗口中适当的位置，并命名为"书架"和"沙发"，然后将各图层顺序进行调整，效果如图 8-72 所示。

图 8-70　绘制矩形　　　　图 8-71　填充矩形颜色　　　　图 8-72　打开素材

（4）选择"横排文字工具"，输入文字并设置合适的字体和大小，使用相同的方法创建其他文字，如图8-73所示。

图 8-73 输入并调整文字

（5）选择"矩形工具"，在属性栏中进行设置，绘制矩形。选择"椭圆工具"，按住"Shift"键的同时绘制圆形，在属性栏中进行设置。选择"移动工具"，按住"Shift+Alt"组合键的同时进行拖曳，复制圆形。选择"椭圆工具"，在属性栏中进行设置，将第二个圆形关闭填充，然后使用"移动工具"，按住"Shift+Alt"组合键的同时进行拖曳，复制出第三个圆形，如图8-74所示。

图 8-74 绘制矩形

（6）按住"Shift"键的同时选取除背景层外的所有图层，按"Ctrl+G"组合键进行打组，并命名为"Banner"。选择"横排文字工具"，分别输入文字并设置合适的字体和大小，根据自己的审美适当调整各模块间的整体布局，如图8-75所示。

图 8-75　调整布局

按住 "Shift" 键的同时选取文字图层，按 "Ctrl+G" 组合键进行打组，并将其命名为 "模块一"。

（7）输入文字 "新品上线" 并设置合适的字体和大小。选择矩形工具，在属性栏中进行设置，绘制矩形，如图 8-76 所示。

新品上线

图 8-76　输入并调整文字

（8）再次绘制矩形，在属性面板中进行设置。单击 "添加图层样式"，选择 "渐变叠加"，进行设置。选择 "文件" → "置入嵌入对象"，选择 04 文件，将其拖曳到适当位置，并调整大小，然后右击，选择 "水平翻转"，命名为 "休闲椅"，如图 8-77 所示。

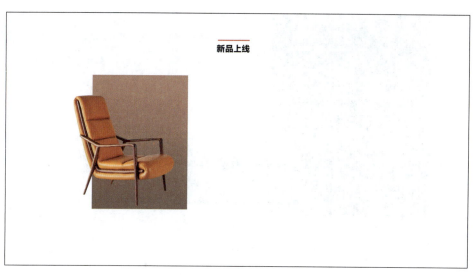

图 8-77　绘制并设置矩形

（9）选择横排文字工具，分别输入文字并设置合适的字体和大小，如图 8-78 所示。选择矩形工具，在属性栏中进行设置，绘制矩形。选择"横排文字工具"，在矩形中单击，输入文字并设置合适的文字和大小，如图 8-78 所示。按"Shift"键的同时选取该部分的图层，按"Ctrl+G"组合键进行打组。

图 8-78　输入并调整文字

（10）用相同的方法制作其他图层组，如图 8-79 所示。按"Shift"键的同时选取"标题"组上方的所有组和图层，按"Ctrl+G"组合键打组，命名为"模块二"。

图 8-79　模块二完成效果

　　（11）复制"模块二"组中的"新品上线"和矩形，并拖曳到下方，将"新品上线"更改为"人气产品"，如图 8-80 所示。

图 8-80　复制文字图形

（12）选中矩形工具，绘制矩形并在属性面板中进行设置，在属性栏中修改填充颜色，如图 8-81 所示。选择"文件"→"置入嵌入对象"命令，选择 09 文件，将其拖曳到适当的位置，并调整大小，选择"横排文字工具"，分别输入文字并调整其大小。将以上 3 个图层打组。

图 8-81 绘制矩形并置入嵌入对象

（13）使用相同方法制作其他图层组，然后全部打组，命名为"模块三"，如图 8-82 所示。

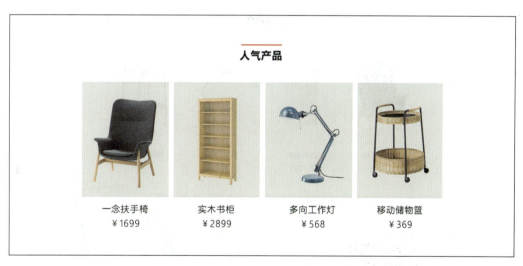

图 8-82 模块三完成效果

（14）选择矩形工具，在属性栏进行设置，绘制矩形。选择"文件"→"置入嵌入对象"命令，选择 13 文件，将其拖曳到适当的位置，并调整大小，命名为"座椅"，如图 8-83 所示。

（15）选择矩形工具，在属性栏进行设置，绘制矩形，选择横排文字工具，输入文字，并设置合适的字体和大小，如图 8-84 所示。

图 8-83　绘制并调整矩形

图 8-84　输入并调整文字

（16）拖曳文本框，输入文字，并调整合适的字体和大小。选取文字，设置行间距。按"Shift"键将"模块三"组以上的图层同时选中，按"Ctrl+G"组合键打组，并命名为"模块四"。制作完成，如图8-85所示。

图 8-85　最终效果

【项目总评】

　　本案例为品牌购物网站，经过一系列前期策划后，进行页面设计的美化工作。整体效果的呈现经历了以下几步骤：首先确定明确的主题，规划设计思路，然后进行版式设计、色彩设计、形式内容设计等，力求将页面风格与产品定位完美结合，整个页面布局像一张宣传海报，足够吸引消费群体。

　　专业的网页设计，需要根据消费者的需求、市场的状况、企业自身情况等进行综合分析，从而建立营销模型；以业务目标为中心进行功能策划；以满足用户体验设计为目标，制作出交互用例；以页面精美化设计为目标，使用更合理的颜色、字体、图片、样式进行页面美化设计，并根据用户反馈，进行页面调整，达到最优效果。